基于无人水面船的水环境监测系统研究

吴文强　陈学凯　彭文启　著

黄河水利出版社
·郑州·

内 容 提 要

当前我国重大环境突发污染事件时有发生，应用无人水面船可以实现深入环境污染核心区，实时全方位无缝监测，并实时传输监测影像、环境指标数据，及时刻画污染水域二维环境因子分布图，为制订水域环境应急措施提供直观技术数据。本书针对我国水环境监测方面存在的监测点少而无法反映水体整体状况、监测成本高、缺少应急性监测手段等问题，同时为了解决传统的水环境取样监测分析耗时耗力，大水体监测分析难以精准定位、快速取样、信息传输等方面存在先天不足。主要内容包括无人水环境监测船的国内外发展趋势、基于无人水面船的水环境取样监测系统的设计方案和关键技术、基于无人水面船的动态水环境监测系统研发以及基于无人水面船的水环境监测系统应用案例与成果推广。

本书可供从事水环境监测评价、水环境智能化监测设备、流域水环境治理等方向的管理人员和科研工作者参考使用。

图书在版编目(CIP)数据

基于无人水面船的水环境监测系统研究/吴文强，陈学凯，彭文启著. —郑州：黄河水利出版社，2021.7

ISBN 978-7-5509-3029-2

Ⅰ.①基… Ⅱ.①吴…②陈…③彭… Ⅲ.①无人值守-船舶-应用-水环境-环境监测-监测系统-研究 Ⅳ.①X832

中国版本图书馆 CIP 数据核字(2021)第 134402 号

策划编辑：李洪良 电话：0371-66026352 E-mail：hongliang0013@ 163. com

出 版 社：黄河水利出版社 网址：www. yrcp. com

地址：河南省郑州市顺河路黄委会综合楼 14 层 邮政编码：450003

发行单位：黄河水利出版社

发行部电话：0371-66026940、66020550、66028024、66022620(传真)

E-mail：hhslcbs@ 126. com

承印单位：广东虎彩云印刷有限公司

开本：787 mm×1 092 mm 1/16

印张：11

字数：255 千字

版次：2021 年 7 月第 1 版 印次：2021 年 7 月第 1 次印刷

定价：60. 00 元

前　言

水质智能监测无人船采用“4+4”的模块化设计，由无人船船体、水样采集器、水质传感器、信号传输装置等4类硬件模块和船体自动操控系统、采样器控制系统、传感器控制系统和位于客户端（手机、Pad、电脑）的动态智能水环境监测系统等4类软件模块组成。

围绕河湖水生态环境的日常与应急监管需求，在实现自动采集水样、实时分析水质等功能的基础上，创新研发了国内外同类产品所不具备的河湖水体污染场智能化自动扫描、污染源自主追溯等特有功能。产品采用模块化思路自主设计和自主研发，产品集成度高、接口丰富、可扩展性强，在水质监测参数覆盖度及频率、特有功能模块化设计和开发等方面处于领先水平，并可根据用户需求进行定制化生产。

该技术产品有五大功能，主要包括：①自主巡河，产品实现了高精度的卫星导航定位、声波自动避障以及图像信息自动采集，可根据自主设定的航线对河湖水系开展巡河工作；②水样自动采集，产品的自动水质采样器最大可搭载4个1.5 L规格采样瓶，可采集水下50 cm的水样，并可实时查询每个采样瓶的容量状况；③水质自动监测，产品具有丰富的水质传感器接口，搭载的自主研发的传感器可实时监测水温、pH、ORP、电导率、浊度、溶解氧、盐度、COD、氨氮、总悬浮颗粒物、总溶解固体、溶解性有机物、叶绿素、蓝绿藻等10余种水质指标，并可实时查询各项指标浓度值；④水体污染场智能化自动扫描，可实现对水体水质的智能化持续、高频监测，并对目标河湖的水体污染场进行实时绘制；⑤水体污染源智能自主追溯。产品嵌入了基于人工智能技术的A-Star的启发式路径搜索算法，可在实现水体污染源自主追溯的同时，最大程度地节约产品电量。

研发的水质智能监测无人船主要功能模块包括：①水质传感器，采用了光学传感器原理，可每2 s监测一组水质参数，自身电量可持续工作8 h，存储500万条数据；②软件系统采用Visual C#语言编程，与无人船船体采用4G信号进行连接，内嵌有水体污染场分析方法和启发式路径搜寻算法等，在信号传输、水体水质整体状况和污染源定位方面具有精度高和稳定性高的优势；③无人船尺寸为1.2 m×0.7 m×0.6 m，最大荷载量85 kg，最大航速6 m/s，可在风速小于8 m/s、流速小于3 m/s的水域连续工作4 h。

研发的水质智能监测无人船主要为河湖水生态环境日常和应急管理提供平台支撑，应用领域主要包括：①河（湖）长制的日常巡河工作，产品的影像信息采集、水质监测等功能可支撑河（湖）长制的日常巡河工作；②突发性水污染应急管理工作，产品的水质持续高频监测、水体污染场扫描等功能可支撑突发性水污染应急管理工作；③入河排污口的监督管理工作，产品的水体污染场扫描、污染源追溯等功能可支撑入河排污口的监督管理工作。

作　者

2021年5月

目　录

第1章　总　论

1.1　研究意义和必要性

传统的水环境取样监测分析多以人工方式进行，耗时耗力，在大水体监测分析的精准定位、快速取样、信息传输等方面存在先天不足，不能满足水污染突发事件的污水团追踪监测及水华事件的藻类空间分布监测的高频次与大范围的扫描监测，是水环境监测领域的重大技术不足。

无人水面船是一种无人操作的水面船，主要用于执行危险以及不适于有人船只执行的任务，首先在军事领域研发与应用。随着技术的不断进步，无人水面船成本不断下降，在非战争军事任务方面的应用相应拓展。

以无人水面船作为观测平台，搭载多种测量传感器在水文地理勘察方面已经有多类成功案例。依托无人水面船，开展水环境取样或测量，正在成为水环境监测的一种重要技术手段。

当前我国重大环境突发污染事件时有发生，应用无人环境监测船可以实现深入环境污染核心区，实时全方位无缝监测，并实时传输监测影像、环境指标数据，及时刻画污染水域二维环境因子分布图，为制定水域环境应急措施提供直观技术数据。

另外，我国大型湖库及海洋水体的环境监测目前都是采用定期点位测量。采用无人船技术可以实现定期面状巡测，刻画出全部水面特征污染物二维浓度分布图，为水体环境保护、水资源开发利用提供更加科学的指导。

当前通信技术已经进入5G时代，无线数据传输技术已经得到完美解决；无人船、无人机技术已经在军事领域得到广泛应用，甚至在钓鱼这项体育运动中都有GPS自动定点无人船技术得到应用；当前蓄电池技术发展也是突飞猛进，纯电动汽车已经可以行驶500 km以上；当前水质实时监测设备已经实现小型化和便携化，监测指标已经涵盖最严格水源管理制度2020年以前要求的重要指标，并且监测指标也在不断增加，监测精度可以满足生产需要。

综合来看，无人水面船的水环境监测系统中各项硬件组成技术当前已经比较成熟。结合中国水利水电科学研究院在水环境领域的研究经验，开发适用于我国大型水域、突发性污染事件以及无人区的无人水环境监测船技术上是可行的，市场需求十分巨大，对于此项空白领域研究十分必要且应尽快开展，抢占商机。

1.2 国内外研究概况、水平及趋势

1.2.1 无人船的发展历程

水面无人船较无人机、无人潜水器、无人车辆研究起步晚，但发展迅速。近十年来，美国、以色列、日本、英国、法国等海洋大国在多种远程无人艇平台研制方面开展了较为深入的研究，目前已有多种无人船开始应用于军事和民用领域。智能化、体系化、标准化是未来发展方向。

在国外，无人船的出现可追溯到第二次世界大战，但是到1990年才有大规模的无人船项目出现。美国现已有多种型号在研制、试验和评测之中，其中以海上猫头鹰和斯巴达侦察兵最为著名。

海上猫头鹰是20世纪90年代初由美国海军研究所研制的前线专用无人水面艇，船艇长3 m，高速航行时最大速度达到45节（1节=1.852 km/h）。船艇利用船载GPS进行导航定位，通过前视声呐、红外摄像机等设备完成对港区的安全监视和近海的监控、侦察等功能，同时监控中心通过无线电通信设备，实现对船艇的实时监控和接收现场的图像信息。后期美国又对该船型进行了改进，全艇采用了模块化设计，在实现原有功能的基础上还可为载舰兵力提供一定的保护。

具有代表性的水面智能无人船为美国的“斯巴达侦察兵”，它早在2002年就已经被列项研究，目前已经通过了各种试验试航。该船在各方面的技术水平都处于绝对领先的位置上，实现了真正意义上的无人控制与智能自主。它配备了不同的任务模块，能根据实际战场的需求灵活自主地切换任务模式，由于其在阿拉伯湾地区的作战任务中表现出了非常突出的战场能力，目前已被广泛部署到了美军的各大舰队里。在2006年10月美国又批准建造两条该型无人船的合同。

以色列、英国、法国、日本等国也开发了自己的无人舰艇，大都采用模块化设计，主要用于侦察搜索、远程监视、海上拦截、反水雷、精确打击等军事任务。

无人艇在民用方面多用于气象探测、水文探测等功能相对简单的领域，2011年11月28日美国Liquid Robotics公司打造的“波浪滑翔机（Wave Glider）”无人驾驶船横渡太平洋，在开阔水域航行大约3.7万mi（5.95万km），收集并把数据发送给谷歌地球的“海洋展（Ocean Showcase）”。该次长途旅行开创了无人艇在民用领域的新纪元。德州农机大学和美国宇航局共同开发的远程控制水面无人船进行德州海岸观测网络计划（TCOON）。南加利福尼亚大学的气动无人船正为湖面微生物研究抽取水样。韩国忠南国立大学正用机器鱼研究水污染问题。

相比于当前国外无人船的发展，我国的无人船技术要落后很多，尤其是在很多重要的技术领域几乎是一片空白，即使是成熟的技术方面仍与国外先进水平之间存在较大的差距。根据相关的报道了解，目前只有为数不多的几家机构做过无人船方面的研究，其中以哈尔滨工程大学和沈阳航空新光集团有限公司为代表。

我国第一艘真正意义上的无人船是由中国航天集团旗下的沈阳航空新光集团有限公

司开发研制的“天象一号”，其最初目的只是为当时北京奥运会的奥帆赛提供气象保障服务，这也是我国首次将无人船应用于气象探测工作。据相关了解，天象一号在其船体设计上采用了一种自稳定功能的技术，可以在恶劣的海况环境中进行工作，并且其动力系统做了增强型的设计，持续航行作业时间可达 20 d 左右。天象一号的出现填补了我国无人船领域的空白，为今后进一步研制具有高性能的智能无人船奠定了基础。

天象一号的总长度在 6.5 m 左右，由于考虑到无人船的船体质量和航行性能，整个船体周身使用了高分子碳纤维。天象一号具有自动导航、雷达搜索、数据处理和实时信息传递等多方面功能。在航行中采用了冗余度为 2 的控制模式，即人工遥控和自动驾驶，这样就使无人船的可操纵性变得更加灵活，当其处在人的视距范围内时可以使用人工遥控的方式对其进行控制，当其超出人的视距范围时可以使用自动驾驶的模式来实现自主航行。

此外，哈尔滨工程大学水下智能机器人实验室在水下机器人技术研究方面也积累了较丰富的经验，目前正在开展水面无人船的概念设计和船体初步设计等工作。珠海云洲智能科技有限公司研发的“全自动无人采样船”已形成系列产品并在全国推广应用。现场展出的 ES30 应急采样监测船集成了先进的机器人控制技术、自动导航技术、超声波智能壁障技术、3G 网络/GPRS 实时通信技术，具有自主航行、自动避障、网络化管理等优势，可连续航行 6 h，最高时速可达 26 节（约 48 km/h）。ES30 应急采样监测船与现行水质采样监测技术相结合，能形成完整的水质监测解决方案，在水质移动巡测、污染源追踪、突发污染事件应急反应、水质采样和监测等领域具有广阔的应用前景。

从上述内容可知，目前我国对无人水面船的研究还仅仅处于起步阶段，很多关键领域的难题需要进行研究解决，尤其是在自动导航和路径规划方面的研究。

智能化是无人船的重中之重，也是研究中的最大难点，由于无人船要具备在极其恶劣的海况条件下安全航行的能力，并完成相应的使命任务，而且在远程、超出人的视距范围时还能精准地进行自主导航、规避障碍物等，这就需要我们在其智能化的研究方面做出更大的努力。

控制技术是无人水面船的核心，在实际应用中，无人水面船需同其他船只和人员做好协同配合的工作，其控制和操作的灵活性将直接影响所要完成任务的质量。因此，在解决好其他问题的同时还需对其控制技术做进一步的改进和提高，以赋予无人水面船更多的自主性。

1.2.2 无人船在水体监测中的应用

无人船是一种新型的水上监测平台，其以小型船舶为基础，集成定位、导航与控制设备，可搭载多种监测传感器，以遥控/自主的工作方式，完成相关环境监测。目前，大部分水面水体监测的传感器均可搭载在无人船上，例如 CTD（温盐深）、叶绿素、溶解氧、pH、测深仪、声呐水下摄像机等，用于港口、河道、水库、码头、污染水域等区域的多要素同步测量。无人船具有布放灵活、成本经济、自动测量等特点，在湖泊、水库水体监测方面具有明显的技术优势。

自然资源部第一海洋研究所在 863 项目支持下，研发了一艘用于水深测量和抵近观察的无人船“USBV”，其搭载了单波束测深仪和水上、水下摄像机，具备遥控和自动运动功能,在舟山庙子湖岛、青岛棘洪滩水库、青岛崂山某水库等开展了应用,湖试场景见图 1-1,水深测量结果见图 1-2,水上、水下摄像截图分别见图 1-3 和图 1-4。UBSV 系统采用了模块化集成方式,可方便地增加或减少传感器,这也是目前无人船技术发展的趋势。由于无人船工作于水面,其水密、耐压等级要求较低,并可以使用无线电通信,控制方式可以遥控,也可以自动控制,使其在湖泊水库水体监测工作中具有较明显优势,可有效地减少人工作业量和降低作业危险性。在湖泊水库水体监测中,随着多类型在线式监测传感器的发展,具有原位、自动、成本低、高效等特点的无人船技术将会为湖泊、水库水质业务监测工作提供有力支撑。

图 1-1　USBV 湖试图

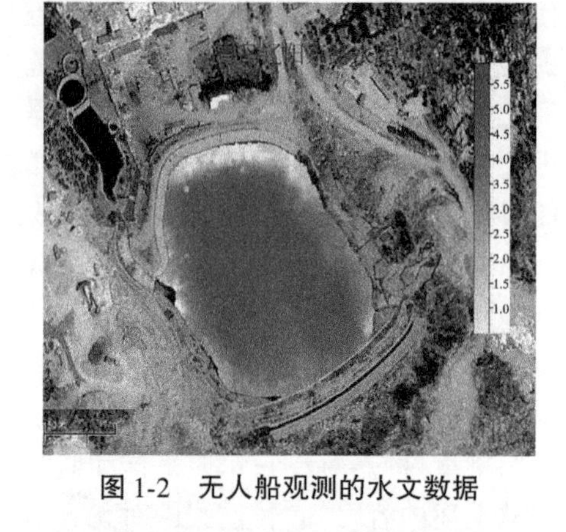

图 1-2　无人船观测的水文数据

图 1-3　无人船水上摄像(芦苇)

图 1-4　无人船水下摄像(青苔)

1.2.3　未来无人船的发展趋势

第一,四维一体的无人系统装备体系。2007 年 7 月 23 日,美国海军无人水面艇主计划正式发布,自此,美国分别在无人机系统、无人地面车辆、无人潜航器和无人水面艇等方面拥有了独立的发展规划。时隔 5 个月以后,美国国防部发布了无人系统发展路线图,这是有关美国无人系统发展的总计划,进一步明确了无人系统的概念和分类,将美国空中、地面、水面和水下无人系统的发展相结合,进一步丰富了空中、地面、水面和水下四维一体的无人系统装备体系,从总体上统合了美国无人系统未来的发展方向。

第二,以任务为中心设计,重视任务完成性,无人艇向标准化、系列化发展。通过通用化、系列化、模块化的设计方法,在基本型上进行适应性改进并搭载相应的任务设备,来完成不同的任务,是快速、高效、低风险发展新型装备的重要发展方向。

第三,重视提高无人艇的综合效能。通过人工智能、信息化等技术的组合应用,在无人艇上加装多种任务模块,如监视、数据采集为一体,使无人艇能够独立或配合完成各种任务,是未来一个重要的发展趋势。

第四,重视无人艇的网络化、集成化发展。通过网络化、集成化发展,提高各类无人平台之间以及与有人平台之间的信息收集、传输、处理和综合应用能力,实现现场态势迅速感知、资源共享以及各种平台之间的协同,满足未来的迫切需要。

我国对无人艇的研究、开发尚处于初期阶段,我们应当学习、借鉴国外特别是美国的成功经验,尽早筹划我国无人艇相关技术的发展和应用。当前,主要集中力量突破以下关键技术:

(1)总体设计技术。完成框架设计和系统集成技术,规划系统组成、推进形式等,以及无人艇稳定性控制等研究。

(2)环境感知。感知水文、气象等环境条件,为实施舰艇路径规划和自主控制提供基础输入。

(3)自主控制与决策。针对无人艇不同需求,突破自主控制决策相关技术,实现"智慧生物"决策控制功能。

(4)无线通信与干扰抑制技术。依靠当前无线通信技术,实现无人船的航行、环境监测、数据传输等方面智能控制。达到远程操控与自主智能操控相结合,监测影像与监测数据实时传输与自动分析等多种目标。

1.3 研究目标及内容

1.3.1 研究目标

研发基于无人水面船的水环境取样监测系统,开发基于无人水面船的水环境监测信息分析系统,为大水体突发水污染事件应急监测与处置提供基础平台。初步构建空天一体化突发水污染事件快速监测管理技术框架。

1.3.2 研究内容

1.3.2.1 无人水面船水环境监测系统硬件组合方案研发

分析大水体水质多维时空监测需求,研究适用于大水体水环境应急监测的无人水面船的功能需求,研究无人水面船水环境监测系统单元组成与分系统技术参数要求,开展硬件系统集成研发,设计测试方案,完成平台及水环境参数监测设备测试。

1.3.2.2 无人水面船水环境监测系统软件研发

针对大水体水污染突发事件应急处置决策要求,开发基于无人水面船水环境监测系统的水环境信息分析软件研发。

1.3.2.3 无人水面船水环境监测系统集成与典型水域测试

针对水环境监测的特点与需求,集成无人水面船水环境监测系统;选择大型水库、湖泊及河流,开展典型水域测试,形成具有自主知识产权的无人水面船水环境监测系统的系列产品。

基于无人水面船的水环境监测系统产品开发技术路线如图 1-5 所示。

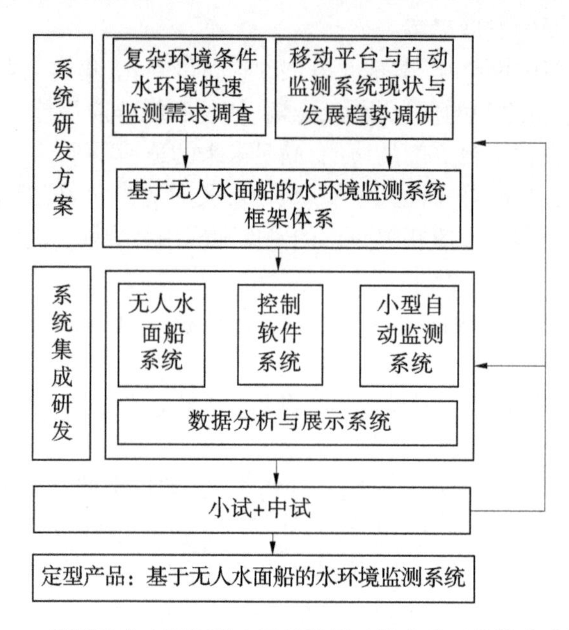

图 1-5 基于无人水面船的水环境监测系统产品开发技术路线

1.4 技术难点与创新点

1.4.1 技术难点

1.4.1.1 适用于复杂环境条件下的小型自动移动平台

野外大水体环境条件复杂,无人船的自动行驶受到水流、风、水面障碍物、水草、河(湖、库)岸等多种因素的影响,保障船只按照既定路线行驶,及时纠正偏离的航线,正确处置突发影响行进的事件等,是保障监测工作按照操控人员的设想进行的关键。

1.4.1.2 满足小型化及轻型化要求的水环境自动监测系统

当前多参数水质监测仪器多数体积、重量大,无人监测船基于便于运输的目的一般承载能力有限,亟须突破监测设备的体积与重点难题,研究集成多种精度高、体积小、重量轻的多参数水环境自动监测系统无人船自动行驶控制系统

1.4.1.3 适用于水污染突发事件监测预测要求的多要素快速模拟、综合分析与展示系统

当前的水污染突发事件多基于有限时空数据的污染情势分析与预测,难以系统支持水污染事件的应急处置,因此亟须开发适应复杂水体水污染事件的追踪监测与全场扫描

系统,以及快速形成实时的污染场数据分析与展示系统。

1.4.2　创新点

研发具有自主知识产权的无人水面船水环境监测系统,实现对大型水体、水环境突发污染事件、无人区水体等实时全方位的无缝监测,并实现实时监测影像、环境指标数据传输与分析,及时刻画监测水域二维环境因子分布图,为制订水域环境应急措施提供直观技术数据。

第2章　基于无人水面船的水环境监测系统整体介绍

2.1　系统整体情况

基于无人水面船的水环境监测系统(简称水质智能监测无人船)采用“4+4”的模块化设计,由无人船船体、水样采集器、水质传感器、信号传输装置等4类硬件模块和船体自动操控系统、采样器控制系统、传感器控制系统和位于客户端(手机、Pad、电脑)的动态智能水环境监测系统等4类软件模块组成。

水质智能监测无人船围绕河湖水生态环境的日常与应急监管需求,在实现自动采集水样、实时分析水质等功能的基础上,创新研发了国内外同类产品所不具备的河湖水体污染场智能化自动扫描、污染源自主追溯等特有功能。产品采用模块化思路自主设计和自主研发,产品集成度高、接口丰富、可扩展性强,在水质监测参数覆盖度及频率、特有功能的模块化设计和开发等方面处于领先水平,并可根据用户需求进行定制化生产。

水质智能监测无人船可以随时开展巡河监察工作,及时发现水质、水生态、岸线四乱等河流管控难题。应用水质智能监测无人船可以实现深入突发污染事件环境污染核心区,实时全方位无缝监测,并实时传输监测影像、环境指标数据,及时刻画污染水域二维环境因子分布图,为制订水域环境应急措施提供直观技术数据。另外,水质智能监测无人船可以实现定期面状巡测,刻画出全部水面特征污染物二维浓度分布图,该产品主要为河湖水生态环境日常和应急管理提供平台支撑。主要服务业务包括以下几个方面:

(1)河(湖)长制的日常巡河工作。产品的影像信息采集、水质监测等功能可支撑河(湖)长制的日常巡河工作。

(2)突发性水污染应急管理工作。产品的水质持续高频监测、水体污染场扫描等功能可支撑突发性水污染应急管理工作。

(3)入河排污口的监督管理工作。产品的水体污染场扫描、污染源追溯等功能可支撑入河排污口的监督管理工作。

2.2　硬件结构介绍

无人水面积的基本框架如图2-1所示。本节主要介绍水质智能监测无人船的硬件部分,即无人水面船的结构布局,包括船体结构,推进和动力系统,指挥、导航和控制系统,通信系统,定位与监测系统,水质传感器以及地面控制站,以下将对各个部分进行详细的介绍。

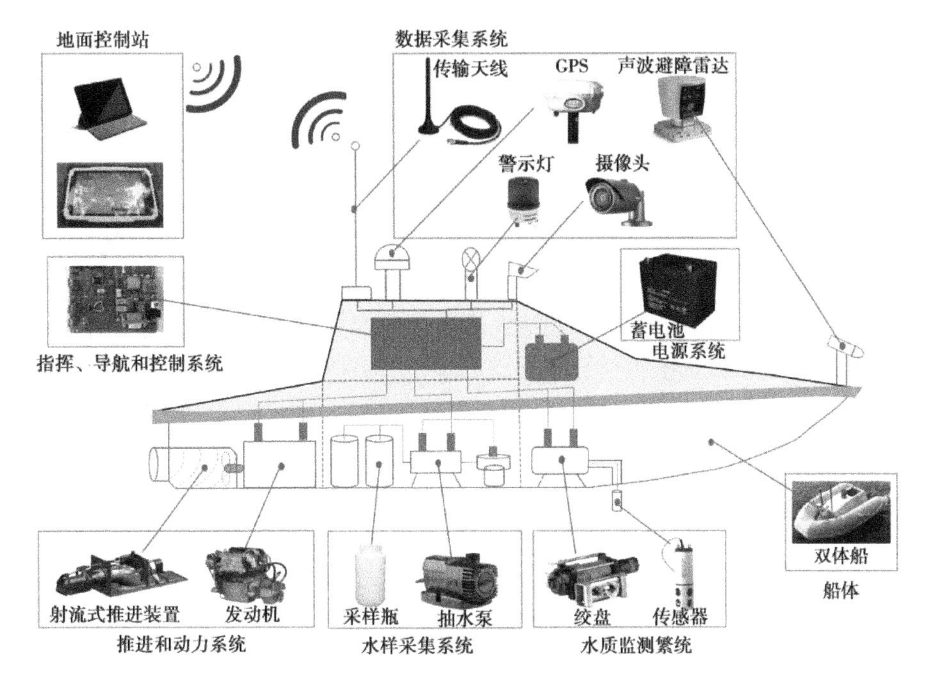

图 2-1　无人水面船的基本框架

2.2.1　船体结构

目前的无人水面船船体结构可以分为刚性充气式船体、单船皮艇式、双体船和三体船。不同的船体适用区域不同,优缺点也不尽相同。刚性充气式船体由于其具有较高的耐冲撞性和荷载能力,适用于条件恶劣、环境复杂的大水域。单船皮艇式船体便于携带和安装,适用于条件相对良好的小水域。双体船和三体船是目前水环境监测工作中最常用的船体结构,因为这种类型的船体具有较高的稳定性和平衡性,降低了在复杂水域中发生倾覆的风险。此外,双体船和三体船提供的有效载荷能力也满足水环境监测工作的需求。考虑到无人水面船所应用的水域和携带的灵活性,本次研究选择的无人水面船船体结构为双体船船体。

2.2.2　推进和动力系统

大多数无人水面船的航向和速度通常采用螺旋桨-舵组合推进器或涵道射流式推进器。在水环境监测工作中,一般会选取后者,主要是由于它体积相对较小,便于野外监测携带,重要的是可以避免缠绕水体中的异物和误伤水体中的生物。此外,动力系统是为了给无人水面船提供更多的自由度,如采用双体船船体,会有两个独立的电机提供动力,使其在路径规划、规避障碍物以及污染源溯源等方面具有更大的灵活性。考虑到无人水面船在执行任务时的安全性和尽量避免对监测水域生物影响等因素,本次研究选用的推进系统为涵道射流式推进器,动力系统选用循环充电的强力蓄电池供给系统。

2.2.3 指挥、导航和控制系统

作为无人水面船最重要的组成部分,指挥、导航和控制系统通常会由小型计算机、软件模块和电路板构成,它们共同负责无人水面船的任务执行情况,缺一不可。在水环境监测工作中,指挥系统根据导航系统提供的信息,结合监测任务、船体状态(现有电量、计划航行距离)和环境条件(风速、流速),不断地生成和更新平稳、可行和最优的路径轨迹命令;导航系统根据无人水面船的当前状态(位置、方向、速度和加速度)、周围环境条件(障碍物、波浪)和水环境监测任务完成情况等信息,时时与指挥系统交互信息,接收最新的路径轨迹命令;控制系统则根据指挥和导航系统提供的指令产生相应的动力和力矩,到达期望的监测采样位置和完成既定的水环境监测任务要求。

2.2.4 通信系统

通信系统是无人水面船在进行水环境监测工作中可靠性的重要保障。它不仅包括与地面控制站进行无线通信,还包括与船载的各种传感器、监测仪器和其他设备进行有线或无线的信息传输。从实际应用情况来看,在不同的水域,本次研究基本上可以实现4G信息传输功能。

2.2.5 定位与监测系统

精确的定位功能是无人水面船进行水环境监测工作的基本保障,是实现水环境监测工作中定点监测、定点采样、定点巡航以及入河排污口和污染源精确定位的基础。目前,本次研究采用全球定位系统(Global Positioning Systems)和惯性测量单元(Inertial Measurement Units)共同完成无人水面船的定位功能,在水环境监测工作中,还需要根据研究区域中的关键点位对无人水面船的定位和导航功能进行修正,提高监测精度。根据水环境监测工作的需求,无人水面船可选择性搭载多种传感器设备,如雷达、声呐、摄像头、水文监测传感器、多参数水质传感器等,完成水深、水下地形、影像采集、水文和水质指标监测等任务。此外,为了保障无人水面船工作的稳定性,还可以装备如电量状态、电子设备健康状态、船舱湿度和温度等传感器。

2.2.6 水质传感器

本次研究所搭载的水质传感器是基于荧光产生及猝灭原理研发的便携式多参数光学传感器,该产品可实时监测水温、pH、ORP、电导率、浊度、溶解氧、盐度、COD、氨氮、总悬浮颗粒物、总溶解固体、溶解性有机物、叶绿素、蓝绿藻等10余种水质指标,并可实时查询各项指标浓度值。

2.2.7 地面控制站

地面控制站在无人水面船与控制人员之间扮演了重要的角色。根据水环境监测工作的特殊性,地面控制站可以是便携式手持控制设备,也可以是大型数据交互计算机,同时根据监测工作需求,地面控制站的位置可以是陆地固定设施,也可以在移动的车辆和船舶

上。通常,地面控制站通过无线通信向无人水面船传达任务指令,无人水面船向地面控制站反馈实时状况及监测信息。本次研究通过持续的研究工作,已经实现地面控制站的小型化和灵活性,可以采用便携式笔记本电脑和智能手机来实现与无人水面船的数据传输和指令下达。

2.3　软件结构介绍

本节主要介绍水质智能监测无人船的软件部分,即动态水环境监测系统 V1.0 的软件主要性能和软件运行环境,以下将对各个部分进行详细的介绍。

2.3.1　软件主要性能

针对采用水面无人船开展水质监测工作时面临的设备控制、数据采集以及用户、操作人员和水面无人船之间的人机交互问题,考虑到用户使用的快捷性、系统运行的安全性、数据收集的实时性以及操作控制的实用性等因素,研究团队采用 C#语言编程,开发构建了动态水环境监测系统软件 V1.0。该软件能够根据用户的实际需求,基于无人水面船开展相应区域的水环境监测,可为相关部门快速掌握区域水环境情况以及在突发水污染事件中快速寻找污染源提供了技术支撑。该系统软件界面采用菜单式设计理念,操作简单、快捷。核心功能包括用户注册、用户下单、任务生成、任务查询、采集数据以及数据分析等,实现了基于无人水面船的实时水质监测、实时数据收集、实时数据分析的动态水环境监测和管理。

本系统软件与水面无人船采用 4G 信号进行连接,保证了数据传输的实时性和持续性,具备添加、管理和实时查询水面无人船设备状态的功能,可并行管理多个水面无人船设备,提高了工作效率。用户首次使用本系统软件时,需要通过注册获取相应的账号和密码,提高了用户信息和软件使用的安全性;用户通过内嵌在系统软件中的地图寻找需要监测的区域,并提出监测指标、监测频率等要求;根据用户的需求,操作人员通过无人水面船开展水质监测工作,通过本系统软件给无人水面船发送巡航路线、监测断面以及水样采集点等指令,同时,用户也可实时查询到水面无人船的位置和任务完成情况等信息;无人水面船实时将水质监测数据传送给本系统软件,本系统软件对监测数据进行接收、存储和分析。本系统软件应目前河湖长制的需求,发挥水面无人船的优势,切实可行地为区域水环境保护及管理提供了快速、便捷的监测技术。

2.3.2　软件运行环境

动态水环境监测系统 V1.0 的系统配置要求主要包括硬件配置要求和软件配置要求。

2.3.2.1　硬件配置要求

处理器要求酷睿 I5 及以上或同级别处理器;内存要求在 4 GB 或以上;硬盘要求可利用空间 100 GB 或以上;显卡要求集成或独立显卡,显存 512 MB 或以上。

2.3.2.2　软件配置要求

操作系统考虑到不同版本的兼容性，要求 Windows 7 及以上（64 位）版本；调用引擎采用 Visual Studio 2013；数据处理采用 Microsoft office 2007 及以上版本。

2.4　主要功能与技术指标

2.4.1　主要功能

围绕着“水利工程补短板、水利行业强监管”的总基调，聚焦水利信息化、智能化，水质智能监测无人船将成为河湖长巡河管理“最后一公里”强有力的助手。传统的水环境取样监测分析多以人工方式进行，耗时费力，在大水体监测分析的精准定位、快速取样、信息传输等方面存在先天不足，也不能满足水污染突发事件的污水团追踪监测及水华事件的藻类空间分布监测的高频次与大范围的扫描监测，是水环境监测领域的重大技术不足。为了克服这一技术不足，同时也为使我国的河湖长制工作取得更大的成效，基于学科交叉，将无人水面船的灵活性、水质监测传感器的快速性、水质监测管理工作的应急性相结合，自主研发水质智能监测无人船（见图 2-2），该系统具有五大功能，分别为自主巡河、水样自动采集、水质自动监测、水体污染场智能化自动扫描以及水体污染源智能自主追溯，具体内容如下：

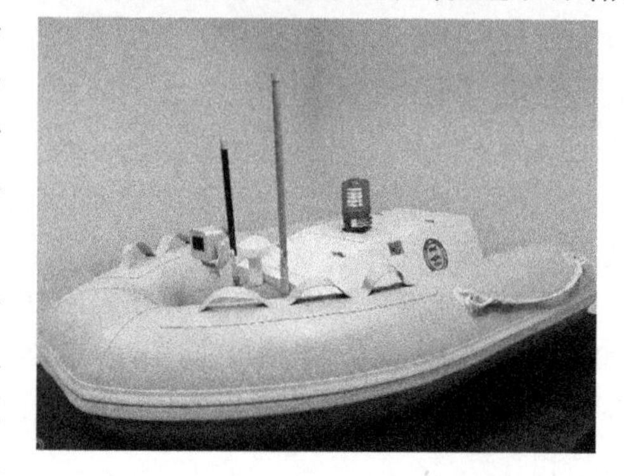

图 2-2　水质智能监测无人船样机

（1）自主巡河。产品实现了高精度的卫星导航定位、声波自动避障以及图像信息自动采集，可根据自主设定的航线对河湖水系开展巡河工作。

（2）水样自动采集。水样自动采集装置及控制系统如图 2-3 所示，产品的自动水质采样器最大可搭载 4 个 1.5 L 规格采样瓶，可采集水下 50 cm 的水样，并可实时查询每个采样瓶的容量状况。

图 2-3　水样自动采集装置及控制系统

（3）水质自动监测。产品具有丰富的水质传感器接口，搭载的自主研发的传感器可实时监测水温、pH、ORP、电导率、浊度、溶解氧、盐度、COD、氨氮、总悬浮颗粒物、总溶解固体、溶解性有机物、叶绿素、蓝绿藻等 10 余种水质指标，并可实时查询各项指标浓度值。水质传感器及控制系统如图 2-4 所示。

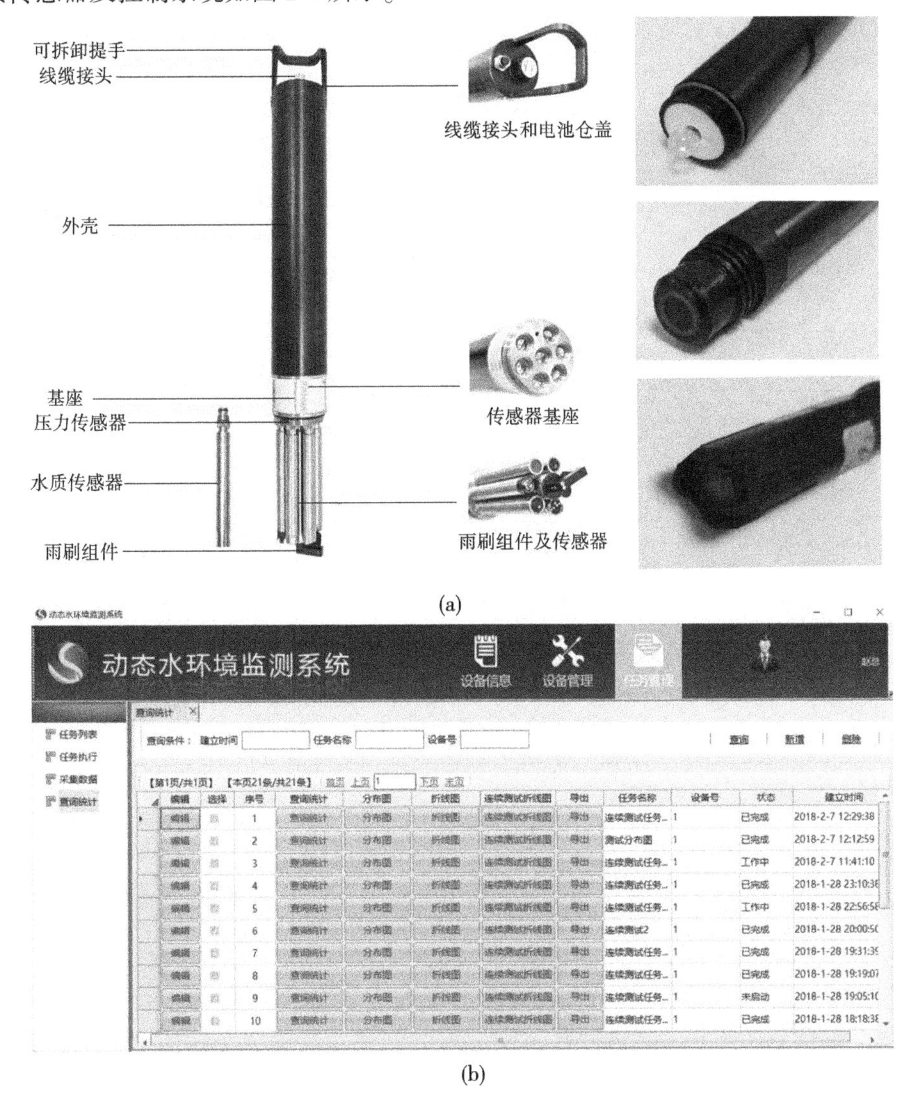

图 2-4　水质传感器及控制系统

（4）水体污染场智能化自动扫描。可实现对水体水质的智能化持续、高频监测，并对目标河湖的水体污染场进行实时绘制。水体污染场智能化自动扫描结果如图 2-5 所示。

（5）水体污染源智能自主追溯。产品嵌入了基于人工智能技术的 A-Star 的启发式路径搜索算法，可在实现水体污染源自主追溯的同时，最大程度地节约产品电量。污染源追溯测试平台如图 2-6 所示。

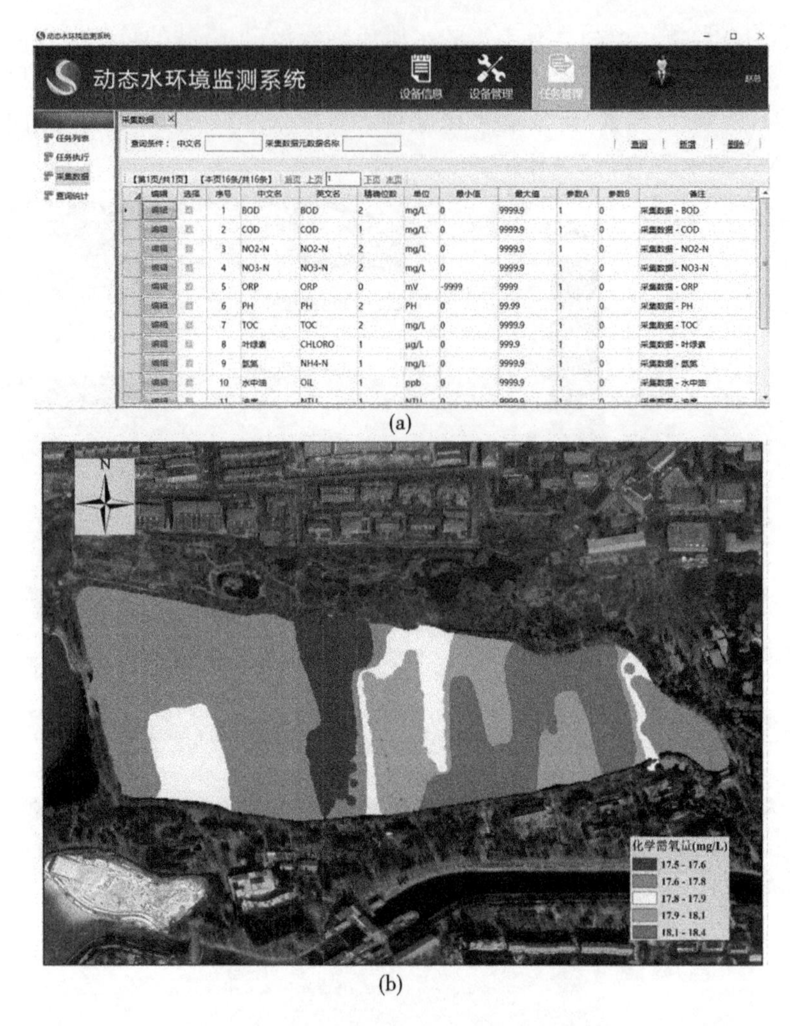

(a)

(b)

图 2-5　水体污染场智能化自动扫描结果

2.4.2　技术指标

在硬件创新方面，通过与企业合作，改进了传统水质传感器的组合方式，吸取了光学传感器的原理，形成了适用于无人水环境监测船的便携式水质传感器，具有小型化、便携式、可拆卸、可自由组合的优势。同时，结合了无人船的机动性与水质传感器的高频性，耦合了 GIS 的空间分析与渲染功能，形成了水体污染场快速扫描的流程和技术方法，自主开发了与水质智能监测无人船配套的动态水环境监测软件。具体技术指标包括以下几方面：

（1）水质传感器。采用了光学传感器原理，可每 2 s 监测一组水质参数，自身电量可持续工作 8 h，存储 500 万条数据。

（2）软件系统采用 Visual C# 语言编程，与无人船船体采用 4G 信号进行连接，内嵌有水体污染场分析方法和启发式路径搜寻算法等，在信号传输、水体水质整体状况和污染源定位方面具有精度高和稳定性高的优势。

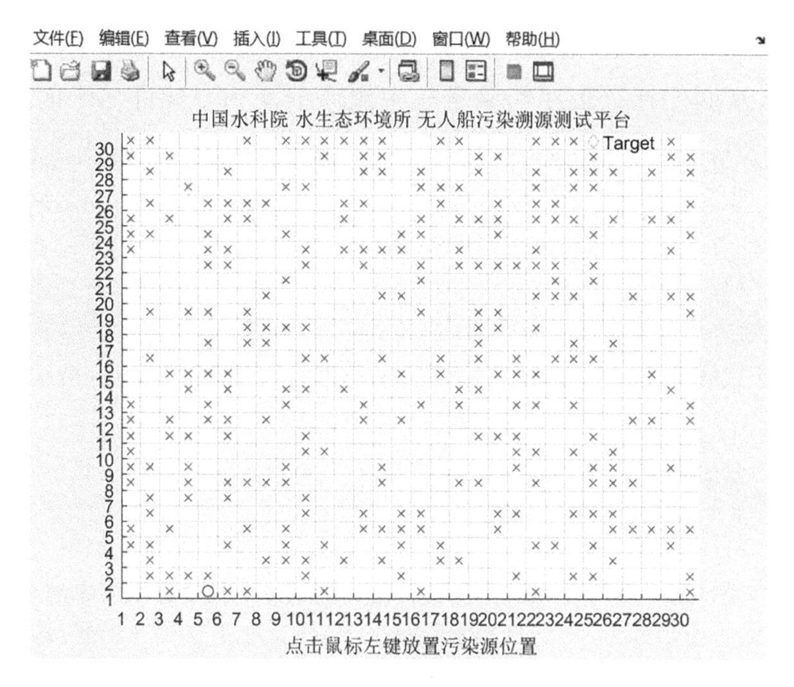

图 2-6　污染源追溯测试平台

(3)无人船采用高强度玻璃钢复合材料+聚乙烯充气船体、电动双射流推进器动力系统,船体尺寸为 1.2 m×0.7 m×0.6 m,最大荷载量 85 kg,最大航速 6 m/s,可在风速小于 8 m/s、流速小于 3 m/s 的水域连续工作 4 h。

2.5　应用领域

2.5.1　无人水面船在常规水文、水质监测中的应用

我国大型湖泊、水库的环境监测目前都是采用定期点位测量。采用无人水面船可以实现定期面状巡测,刻画出全部水面特征污染物二维、三维浓度分布图,为水体环境保护、水资源开发利用提供更加科学的指导。在常规水文、水质监测工作中,充分发挥其操作灵活、易于上手、能够节约大量人力和经济成本的优势。在续航方面,通过加装太阳能充电板,使无人水面船的续航能力大大增强,能够实现对目标水体水文、水质指标的连续监测。在信息传输方面,随着网络 4G 信号的全面覆盖,使得无人水面船能够对目标水体进行全方位、无死角、全自动监测。在水文和水质指标类型上,当前的大部分水体监测的传感器已实现了小型化和便携化,均可搭载在无人水面船上,监测指标已经涵盖最严格水资源管理制度,2020 年以前要求的重要指标、监测精度也可以满足相应要求。此外,测深雷达、流速传感器和声呐传感器也可以对目标水域的水深、流速和水下地形情况进行同步监测。对于水文、水质指标在垂向分布差异明显的湖泊、水库,无人水面船还可以通过内部机械装置(绞车、齿轮转盘)控制监测传感器的下潜深度,完成垂向不同深度的水文、水质指标

监测。

2.5.2 无人水面船在突发水污染事故中快速预警和影响评估中的应用

当重大水环境突发污染事件时,应用无人水面船可以实现深入环境污染核心区,发挥其灵活机动性、高效监测速率且能保障操作人员安全的优势,结合水体污染场快速扫描和污染源溯源智能算法,对重点污染区域进行实时全方位无缝监测,及时刻画和更新污染水域二维环境因子分布图,并通过高清摄像头、多参数水质监测传感器等辅助设备实时传输现场影像和监测环境指标数据,第一时间精准确定污染源的位置并实时追踪污水团的迁移过程,这对于减缓突发性水污染事件带来的危害和制订水域环境应急措施起到了至关重要的作用。

2.5.3 无人水面船在入河排污口精确定位中的应用

入河排污口是陆域污染源进入水域的最后一道关卡,也是目前河长制、湖长制进行追本溯源、查清污染源的一条重要线索。当前,我国水环境污染问题主要表现在:一是全国废污水排放总量一直居高不下;二是排污分布过于集中,主要体现在松辽、珠江和长江流域,全国35%的水功能区承受的污染排放超过其纳污能力。因此,改善水环境质量的根本是控源,而入河排污口的精确定位就是控源的重要中间环节。此外,入河排污口设置的随机性、隐蔽性以及排污的间断性,也加大了入河排污口排查的难度。针对不同区域、不同类型的排污口,选取不同的特征污染物,发挥无人水面船的高机动性、易部署性、持久续航能力和全自动监测的优势,利用航拍影像识别和污染源溯源智能算法,精细刻画排污口周边水体污染物浓度场分布情况,快速捕捉和精准定位排污口的位置。同时,可结合无人机,追踪陆域的污染源,做到有理、有据地进行污染源治理工作。

2.5.4 无人水面船在河湖健康评估中的应用

河湖水系是生态系统的重要组成部分,为人类社会提供了不可或缺的生态资源。自2010年以来,水利部在全国开展了河湖健康评估工作,构建了包括水文水资源、河湖物理形态、水质、水生生物及河湖社会服务功能5个方面的健康评估指标体系。在以往的评估工作中,评估数据一般采用人工调查的方法,工作量大,数据精度不高。考虑到流域水生态系统的复杂性以及河湖健康评估成果的时效性,通过引入无人水面船协助开展河湖健康评估指标数据的收集显得尤为重要。除了采用无人水面船进行常规的水文、水质数据的采集和监测,还可以通过在无人水面船上搭载多种监测探头和取样仪器,全面开展河湖健康评估指标数据的收集。例如:搭载多光谱摄像头对河岸带(湖滨带)植被覆盖情况进行调查;建立黑臭水体图像大样本数据库,通过高清摄像头获取水体水质状况影像数据,利用图像识别方法快速诊断水体健康情况;借助无人水面船平台,自动收集河湖底部的沉积物,用以评估河湖内源污染和底栖生物的情况。

2.6 小　结

本章对基于无人水面船的水环境监测系统进行了全面的介绍,包括系统整体情况、系统主要功能与技术指标、系统应用领域、硬件结构以及软件结构等方面,后续将对基于无人船水面船的水环境监测系统的硬件和软件核心技术进行详细的阐述。

第 3 章　无人水面船研发关键技术

3.1　硬件关键技术简介

针对水质智能监测无人船中的硬件部分,即无人水面船及水质监测设备,本次研究通过借鉴国内外无人水面船的研究成果,结合水环境监测的需求,对无人水面船的水样自动采集装置和水质光学传感器装置进行了自主研发。

水样自动采集装置通过水样自动采集、密封、冷藏一体化装置解决了水样的密封、存储问题,通过二维码身份识别装置为每一瓶水样进行了身份识别,通过与船体定位装置进行交互,实现了一点一瓶一身份的水样采集功能,即对应一个监测点位,有唯一的一瓶水样,有唯一的样品识别编码。此外,该水样自动采集装置还可以通过水质监测探头,实现边进行水样采集,边进行水质物理指标监测的功能。

开展了基于荧光猝灭法的水质光学传感器装置研发,根据 Stem-Volmer 方程可知荧光的寿命与水体中溶解氧浓度的关系,推导出荧光寿命与一定频率荧光信号的相位差关系,利用相敏检测原理以及傅里叶变换可求出荧光寿命,最后计算出对应水质浓度。研发的水质光学传感器具有稳定性高、结果产出高效的优点。

3.2　水样自动采集装置

3.2.1　装置结构

基于无人水面船的水样自动采集装置具有水样自动采集、自动监测、自动存储等功能,具体结构如图 3-1 所示,包括水质监测探头 1,水样采集过滤网 2,水样采集蠕动软管 3,水样采集排气口 4,水样采集进水口 5,水样采集管道清洗口 6,推动连接杆 7,水样自动采集及升降装置 8,二维码自动生成及粘贴装置 9,冷藏恒温压缩机 10,传输转动转盘 11,水样自动采集区 12,水样自动密封区 13,水样自动密封装置 14,水样采集瓶放置槽 15,全天候冷藏、恒温区 16,水样自动采集装置——升降装置 17,小型抽水泵机 18,水压力探头 19,水样采集管道清洗活动开关 20,水样采集瓶进水口 21,水样采集瓶排气口 22,激光发射装置 23,清洗管道凹槽 24。

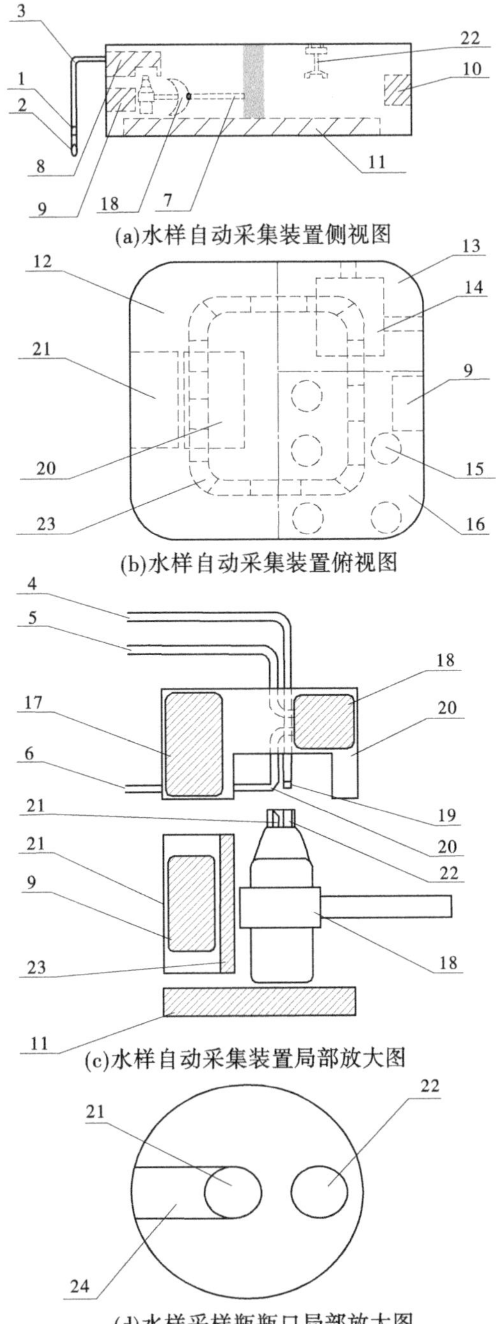

(a)水样自动采集装置侧视图

(b)水样自动采集装置俯视图

(c)水样自动采集装置局部放大图

(d)水样采样瓶瓶口局部放大图

1—水质监测探头;2—水样采集过滤网;3—水样采集蠕动软管;4—水样采集排气口;5—水样采集进水口;
6—水样采集管道清洗口;7—推动连接杆;8—水样自动采集及升降装置;9—二维码自动生成及粘贴装置;
10—冷藏恒温压缩机;11—传输转动转盘;12—水样自动采集区;13—水样自动密封区;14—水样自动密封装置;
15—水样采集瓶放置槽;16—全天候冷藏、恒温区;17—水样自动采集装置——升降装置;
18—小型抽水泵机;19—水压力探头;20—水样采集管道清洗活动开关;21—水样采集瓶进水口;
22—水样采集瓶排气口;23—激光发射装置;24—清洗管道凹槽

图3-1　基于无人水面船的水样自动采集装置

3.2.2　采样流程

将水样自动采集装置内嵌在无人水面船船舱内，与无人水面船的电力系统和定位系统相耦合，实现边巡航、边监测、边采样的功能，具体采样流程如下：

(1)根据采样需求，选择水样采样瓶的个数，将水样采样瓶依次放置在采样瓶传送带上。将无人水面船放置在需要监测的水域，根据事先规划好的路径，无人水面船逐一进行点位监测和采样工作。

(2)无人水面船达到监测点位时，水样采集瓶旋转至水样自动采集区时，小型电动机械抓手张开，释放水样采集瓶，传输转动传送带将水样采集瓶送至水样自动采集及升降装置的正下方，水样自动采集及升降装置一边缓慢下降一边冲洗水样采集的进水管道，水样采集瓶的进水口推开管道清洗活动开关后，水样采集瓶开始收集水样，水样满瓶后，排气口的水压力探头接收信号，通过电缆控制小型抽水泵机停止工作，同时水样自动采集及升降装置缓慢上升。

(3)当水样采集瓶内的水样采集完毕后，水样采集区内二维码生成及自动粘贴装置生成唯一的二维码并粘贴于水样采集瓶的侧壁上。粘贴完毕后，二维码生产及自动粘贴装置通过电缆释放电信号，传输转动传送带开始顺时针运动，将水样采集瓶送至水样采集瓶密封区。

(4)当水样采集瓶运动至自动密封装置时，自动密封装置通过电缆释放电信号，传输转动传送带停止工作，自动密封装置通过铝塑膜密封水样采集瓶瓶口，密封完毕后，自动密封装置通过电缆释放电信号，传输转动传送带开始工作，将密封后的水样采集瓶送至水样冷藏区。

(5)当水样采集瓶运动至水样冷藏区时，水样冷藏区的小型电动机械抓手会将水样采集瓶抓送到水样采集瓶放置槽内。此时，一瓶水样完整的取样过程完毕。

3.3　光学水质传感器

本次研究设计了一款基于荧光猝灭原理的光学水质传感器，接下来详细介绍一下荧光产生的机制与荧光猝灭的原理，并通过对荧光的光强和寿命这两种不同的方法监测荧光信号进行讨论，以溶解氧为例，确定本次研究使用荧光寿命的检测方法来测量水体中溶解氧的浓度。在最后介绍了相敏检测的原理，通过检测荧光信号的相位差来得到荧光的寿命。

3.3.1　荧光产生及猝灭原理

荧光是一种光致发光，属于物理现象。荧光的产生包括发射和吸收两个过程，在某一波长的入射光照射下，首先吸收光子跃迁到高能级，然后向低能级跃迁向外发射出光子，产生的出射光一般比入射光具有更长的波长的特点，伴随着入射光的停止激发而迅速消失。某种物质能否发射荧光需要满足两个必要条件：①入射光(激发光)要能被物质粒子吸收，使粒子能够跃迁到更高能级，然后经第一电子激发态的最低能级，降落到基态振动能级;②物质粒子要具有更高的荧光频率。许多物质能够吸收入射光,但不一定会发射荧光,就是因为其荧光效率不够高,而是将所吸收到的能量消耗在与溶剂分子或其他溶质分子相互碰撞中的结果。

荧光猝灭指的是荧光物质分子与猝灭剂之间发生的现象,荧光猝灭会导致荧光的发生强度减弱和荧光寿命变小。目前发生的猝灭剂主要有卤素化合物、硝酸化合物、重金属粒子以及氧分子等。荧光猝灭剂分为动态猝灭剂和静态猝灭剂,在本次研究中,物理水质指标一般采取动态猝灭剂,采用动态猝灭机制。

动态猝灭过程是在发光过程中相互竞争导致的荧光强度减弱和荧光寿命缩短,在荧光猝灭原理的光学水质传感器的测量过程中可以描述为水质指标的分子与激发态分子相互碰撞发生能量的转移而导致发光减弱的现象。以溶解氧为例,其动态猝灭过程表示如下:

$$\left.\begin{aligned} &F + H_v = F^* \quad (\text{吸光过程}) \\ &F^* = F + H_v \quad (\text{荧光过程}) \\ &F^* + {}^3O_2 = F + {}^1O_2 + \text{热量} \quad (\text{猝灭过程}) \end{aligned}\right\} \tag{3-1}$$

氧分子有一个三线态的基态$^3O_2$,所以它就可以和荧光分子的激发态作用形成单线态$^1O_2$,也就说荧光分子的激发态通过与氧分子相互作用而释放出能量给氧分子导致自身发生猝灭,猝灭过程和氧气分子的浓度有关。描述氧气浓度和猝灭强度的关系可以由Stern-Volmer方程来表示[见式(3-2)]。

$$\frac{I_0}{I} = \frac{\tau_0}{\tau} = 1 + K_{sv}[O_2] \tag{3-2}$$

式中:I_0、τ_0分别为无氧条件下荧光的强度和寿命;I、τ是在某个溶解氧浓度时的荧光强度和寿命;K_{sv}是溶解氧浓度系数,对于某一固定的荧光物质,其值是一定的;$[O_2]$是溶解氧浓度。

本系统所使用材料的荧光受激发射过程如图3-2所示。

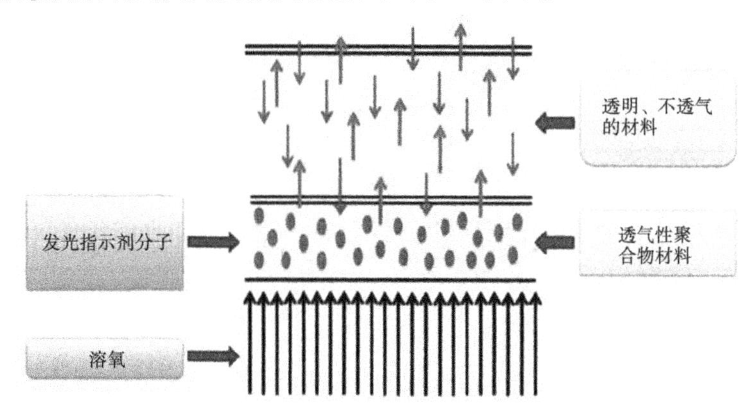

图3-2 荧光材料的受激发射过程

3.3.2 荧光猝灭法的检测方法

根据 Stern-Volmer 方程可以知道,荧光猝灭的过程中同时导致荧光的发光强度减弱和荧光寿命的缩短,所以根据这样两个特点,能够得到两种检测荧光的方法来计算水体中水质指标的浓度:①根据水体中不同水质指标浓度对荧光物质猝灭后的强度不同来计算水质指标的浓度;②根据水体中不同水质指标浓度对荧光物质猝灭后的荧光的寿命长短不同来计算水质指标的浓度。

以溶解氧为例,根据 Stern-Volmer 方程可以知道,要计算出不同光强下的溶解氧浓度就需要得到猝灭常数 K_{sv}。通过查表能够得到标准大气压下的不同温度下的饱和溶解氧浓度,通过测量无氧水和饱和溶解氧水条件下的荧光强度大小,可以计算出猝灭常数 K_{sv},进而确定相应的荧光强度的 Stern-Volmer 方程,再根据在不同待测液体中的发射荧光的强度,即可求出相应的溶解氧浓度。虽然检测荧光强度简单方便,但在实际系统设计使用过程中,环境都是十分复杂,容易受环境和光电检测电路的影响,而且因为其他波长的光也会影响荧光强度的大小,对光路的滤除杂散光要求比较高,检测的准确度也很低。

同样,我们也可以通过检测荧光的寿命来计算水体中溶解氧的浓度,这就是第二种荧光检测方法。通常将荧光强度降低到期初始状态下的 1/e 所采用的时间成为荧光寿命。对于荧光发光过程,用一个短脉冲 $\delta(t)$ 激发荧光,假设脉冲的宽度可以忽略,发光强度随时间按照指数衰减[见式(3-3)]:

$$I(t) = I_0 e^{-t/\tau} \tag{3-3}$$

在测量计算水体中溶解氧浓度前同样需要求出猝灭常数 K_{sv},方法与通过检测荧光强度来测量计算溶解氧浓度相同。荧光寿命是荧光物质的固有特性,一般情况下不会受外界条件影响而改变。

综合上述两种荧光检测方法的优缺点,本次研究选择使用通过检测荧光寿命(荧光猝灭时间)的方法来检测水体中的溶解氧浓度,该方法能够更为有效地提高检测精度和增强传感器对外界干扰的抵抗能力。

3.3.3 相敏检测原理

我们假设激发荧光的信号为正弦信号:

$$e(t) = A\left[1 + \frac{B}{A}\sin(2\pi ft)\right] \tag{3-4}$$

一般情况下,如果一个线性系统在脉冲信号 $\delta(t)$ 激发下的响应为 $K(t)$,那么,这个系统对于任意形式下的均匀弱激发 $e(t)$ 的响应 $F(t)$ 能够表示为

$$F(t) = \int_0^t e(k)K(t-k)\mathrm{d}k = e(t) \times K(t) \tag{3-5}$$

即 F 是 e 和 K 的卷积,这个关系我们可以用拉普拉斯变换写成:

$$\overline{F}(s) = \overline{e}(s)\overline{K}(s) \tag{3-6}$$

对于式(3-3)所描述的系统:

$$K(t) = e^{-t/\tau}, \overline{K}(s) = \frac{1}{s + 1/\tau} \tag{3-7}$$

对于式(3-4)激发式(3-7)所描述的系统,由式(3-5)可以得到在稳定系统下的发光强度正比于:

$$F(t)=\frac{B/A}{\sqrt{[1+(2\pi f)^2\tau^2]}}\sin[2\pi ft-\arctan(2\pi f\tau)]=m\sin(2\pi ft-\varphi) \tag{3-8}$$

从式(3-8)可以得到:

$$\tan\varphi=2\pi f\tau \tag{3-9}$$

式(3-9)表明,经过调制光调制后,激发荧光信号表现出了相位滞后。通过测量不同水质指标下的 $\tan\varphi$ 值,就能得到荧光衰减的寿命,从而代入荧光寿命的 Stern-Volmer 公式,求出水体中水质指标的浓度值。

在实际的系统中,由于荧光材料在单一频率下的正弦信号激发下的荧光寿命比较难确定,不方便检测容易引起系统误差,所以本次研究采用方波信号激发荧光。由于荧光猝灭效应的存在,检测信号会产生畸变拖尾,这种拖尾在数学上表示在调制方波频谱上的调制信号的相位滞后,通过测量滞后的相位偏差,进而计算出水中的水质指标浓度。

3.3.4　硬件设计

光学水质传感器的硬件设计包括光路设计、机械结构设计、硬件电路设计。其中,硬件设计是传感器的关键部分,决定着传感器的各项性能指标。因此,需要在满足传感器设计性能要求的基础上,综合考虑稳定性、成本等因素,进行综合设计。

3.3.4.1　传感器硬件设计概述

传感器的硬件主要包括硬件电路、光路结构和机械结构三个部分。硬件电路需要进行信号的激发、转换、采集、处理和传输。由主控单片机智能地控制着各个模块协同工作,最后将测量计算的结果通过电路板上传给上位机存储显示。光路结构需要保证激发光 LED 和参考光 LED 最后的汇聚点在荧光传感膜上,接收荧光的光电二极管的背面需要防止有其他杂散光的干扰,包括激发光 LED 和参考光 LED 的外漏光的影响。机械结构主要需要考虑的是硬件电路板的安装和固定、整个传感器的安装和固定、传感器的密封性和耐腐蚀性。

最后光路与集成好的电路板通过螺丝固定在传感器圆柱形腔内,外界通过防水接头给传感器内的电路板进行供电并与之通信。整体的光学水质传感器的装配如图 3-3 所示。

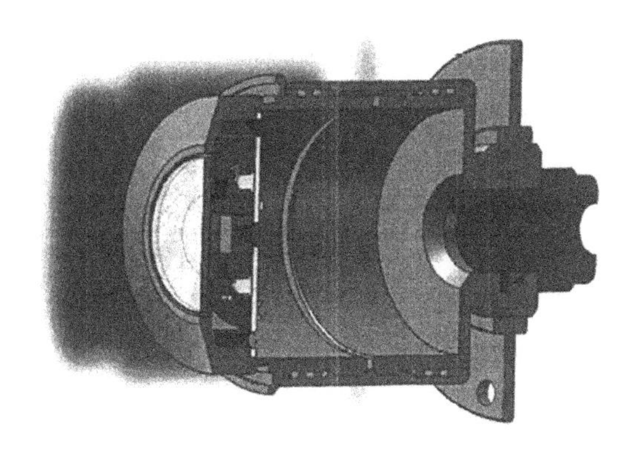

图 3-3　整体的光学水质传感器装配

3.3.4.2　硬件电路设计

根据水环境监测水质指标的需要，主要将传感器的电路分为电源供电模块、温度测量模块、LED 驱动模块、RS485 通信模块、*I/V* 转换方法模块、带通滤波放大模块和 STM32 单片机主控模块。硬件模块及其相关模块的关系如图 3-4 所示。

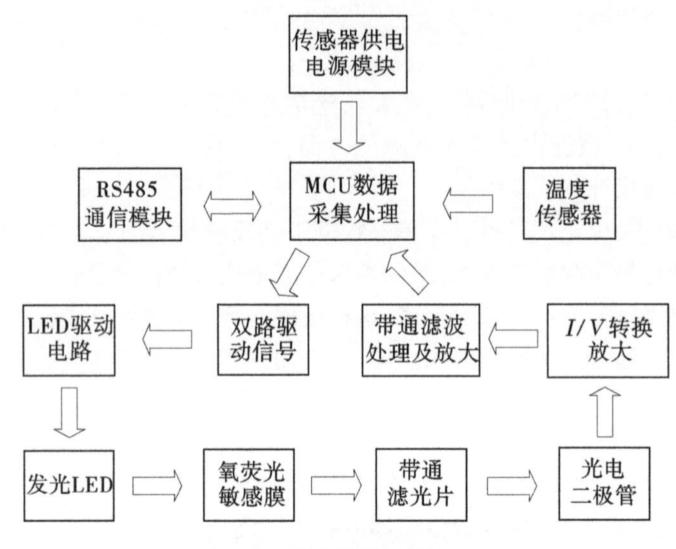

图 3-4　传感器硬件模块关系

温度传感器采用的是 NTC 热敏电阻，全称是负温度系数热敏电阻，它的电阻值随着温度的升高而降低，根据欧姆定律 $R=U/I$，将对热敏电阻的电阻值的测量转换为电压的测量，送到 STM32 主控单片机自带的 AD 采集模块，再通过标定拟合，最后计算出温度值。

I/V 转换放大电路与带通滤波处理放大电路使用的是 AD8606ARZ 芯片，该芯片具有双路、轨到轨输入和输出，单电源放大器，具有极低失调电压、低输入电压和电流噪声以及宽信号带宽等特性，低失调、低噪声、极低的输入偏置电流和高速度特性相结合，使该放大器适合各种应用，尤其是在光电二极管放大电路中。

利用三极管的直流 LED 驱动电路，通过主控单片机 STM32 的 PWM 模块发出两路驱动信号控制 LED 周期性点亮，与此同时，主控 STM32 单片机启动 ADC 开始采集经过 *I/V* 转换方法及带通滤波处理放大过的参数信号和激发的荧光信号，然后进行快速傅里叶变换，最后计算出水体中水质指标的浓度值。

传感器计算求出的温度和水质指标浓度值需要上传给上位机显示存储，就需要用到上下位机通信模块，因为考虑到要进行布网式远距离测量，所以选择了 RS485 通信方式。

整个光学水质传感器需要使用到+5 V 的模拟电源，+3.3 V 的模拟电源和+3.3 V 的数字电源。传感器采用的是+5 V DC 供电，因此还需要电压装换电路，以便于产生出传感器需要的+5 V 模拟电源和+3.3 V 的数字模拟电源，这些就组成了整个传感器的供电电源模块。

3.3.4.3　光路结构设计

光路结构设计在整个光学水质传感器设计当中占有重要位置，如果这部分接收到的信号受到干扰,后面怎么处理都达不到理想的效果。为了保证参考光 LED 和激发光 LED 的光斑能够汇聚到荧光敏感膜上,故将两个 LED 倾斜一定的角度,为了保证 LED 的余光不会影响到光电二极管接收荧光信号,在两个 LED 上加一个铝制外壳,还有另外一个作用就是作为光电二根管的底座。这样的一个光路结构既简单又方便实用,能够满足要求,其结构如图 3-5 所示。

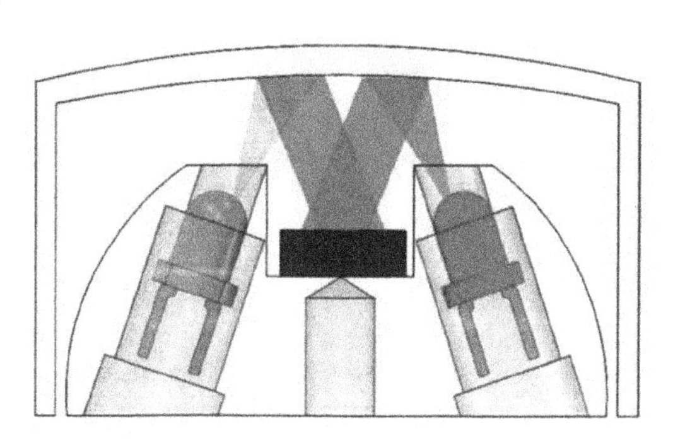

图 3-5　光路结构设计

3.3.4.4　机械结构设计

传感器的机械结构担负着整个传感器的固定安装防水防腐蚀的功能,结合机械加工难易程度和荧光敏感膜帽的形状,将光学水质传感器的机械结构设计成圆柱形的结构。主要分为上接头、下接头、圆柱形套筒、防水接头、O 形密封圈、石英玻璃和传感器固定盘等几部分,其机械装配如图 3-6 所示。

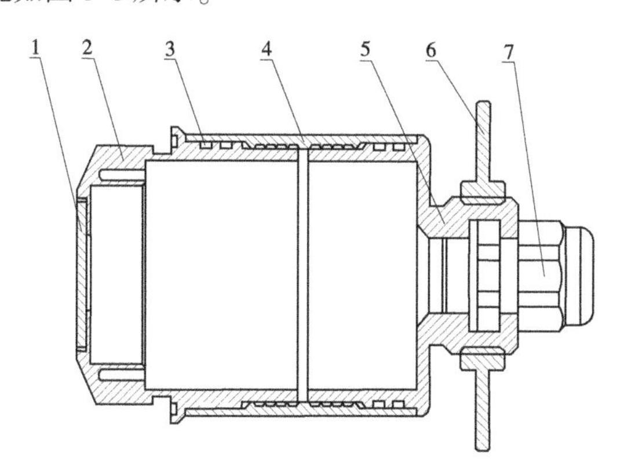

1—圆形石英玻璃;2—上接头;3—O 形密封圈;4—圆柱形套筒;5—下接头;6—传感器固定盘;7—防水接头

图 3-6　水质传感器机械装配

3.4　小　结

本章主要介绍了基于无人水面船的水环境监测系统中的硬件部分,包括无人水面船的水样自动采集装置和光学水质传感器,其中水样自动采集装置主要介绍了装置结构和采样流程,光学水质传感器主要介绍了装置所采用的荧光产生及猝灭原理、荧光猝灭法的监测方法、相敏检测原理以及硬件设计部分。

第 4 章　动态水环境监测系统关键技术

本章主要介绍水质智能监测无人船中的软件部分,即自主研发的动态水环境监测系统,包括该系统的安装、操作及主要功能,内嵌于系统内部的航行路径优化算法、水体污染场快速扫描算法和污染源追踪监测算法。软件系统的关键代码见附件 1。

4.1　系统操作介绍

4.1.1　软件的安装

系统软件的安装使用参考以下步骤进行:

第一步,在安装程序根目录下双击可执行文件“动态水环境监测系统. exe”,程序会自动解压并运行,如图 4-1 所示。

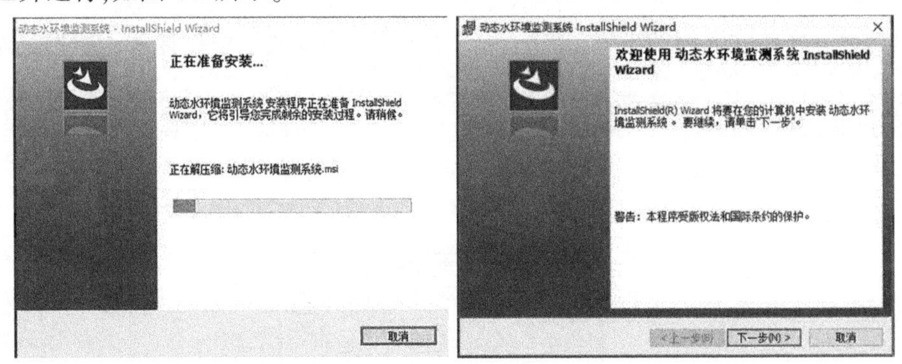

图 4-1　系统软件安装进程界面

第二步,接受条款,输入用户姓名和单位名称,选择程序安装路径,用户可在默认路径下安装或者自行选择路径安装,如图 4-2 所示。

第三步,安装程序,如图 4-3 所示。

第四步,软件自动安装完成,点击【完成】,软件会自动安装 Microsoft Visval C++2005 运行环境,点击【是】接受条款,开始安装运行环境,软件会自动运行安装并关闭窗口,如图 4-4 所示。

第五步,软件安装成功,桌面出现“动态水环境监测系统”图标,如图 4-5 所示。

4.1.2　软件的卸载

在“我的电脑”—“控制面板”—“卸载或更改软件”中,直接卸载即可。

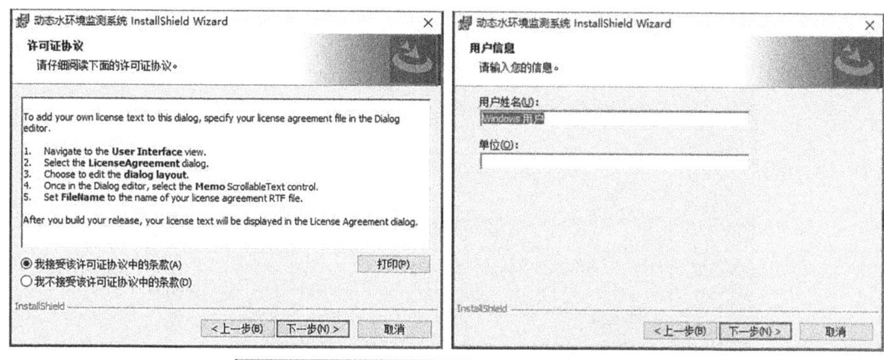

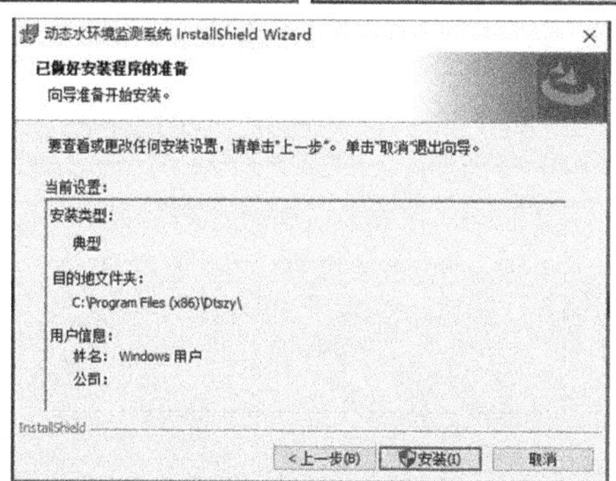

图 4-2　系统软件安装进程界面

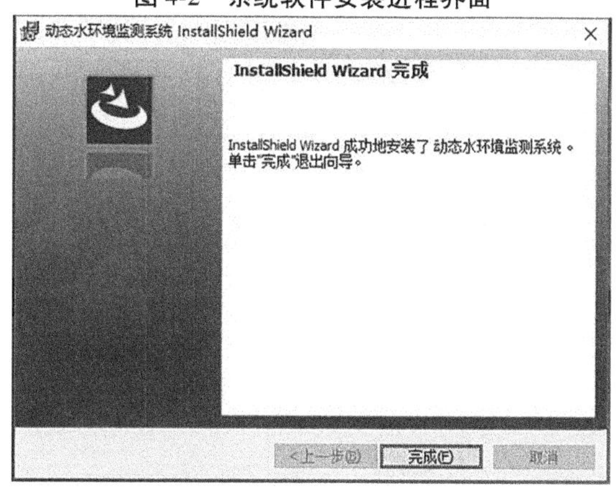

图 4-3　系统软件安装进程界面

4.1.3　用户登录及密码修改

用户账号随用户注册一同发放，高等级用户可根据需要新增和管理低等级用户；用户首次使用该系统时，需要通过邮箱进行注册，填写相关信息，经管理人员审核通过后，用户可获取相应的账号和密码。若密码遗忘，用户可根据注册的邮箱找回密码。管理人员可在后台将使用者的权限设置为用户、管理者。双击快捷方式运行软件，跳出登录界面，输入用户名及密码点击【登录】，点击【退出系统】即可结束软件运行，如图 4-6 所示。

用户登录后，若想修改原始密码，可点击系统右上角用户窗口进行密码修改，如图 4-7 所示。

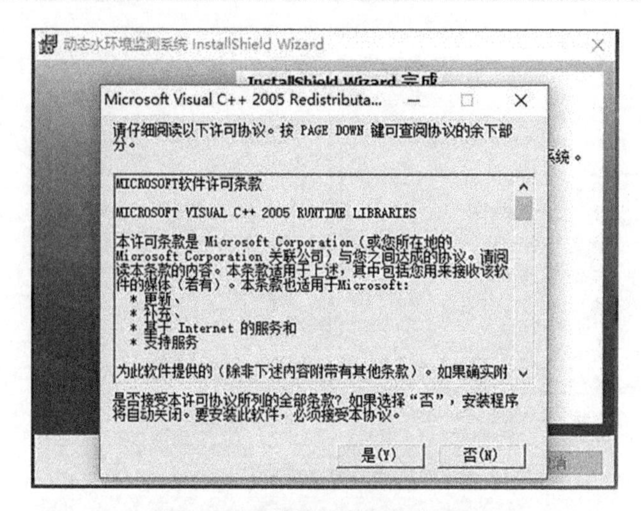

图 4-4　系统软件安装进程界面

图 4-5　系统软件安装进程界面

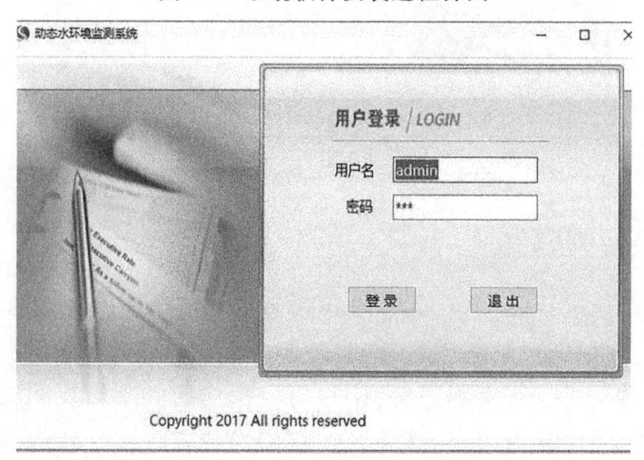

图 4-6　用户登录界面示意图

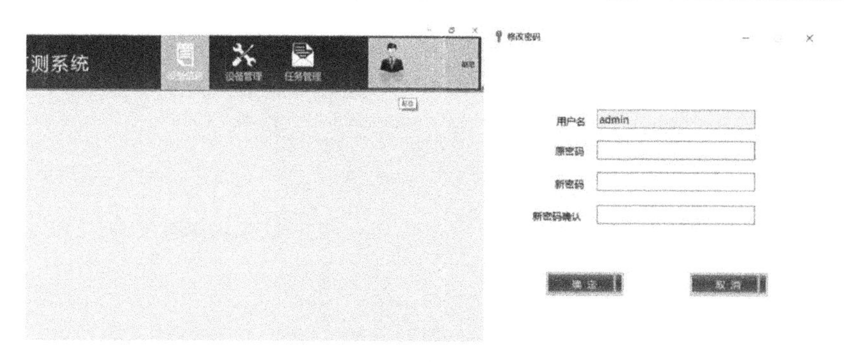

图 4-7　用户登录界面示意图

4.1.4　系统功能

4.1.4.1　系统主界面

使用者填写账号和密码后将进入系统主界面,如图 4-8 所示,系统主界面包括功能菜单栏、用户显示栏和功能显示窗口。其中,功能菜单栏主要包括设备信息、设备管理和任务管理三部分,主要模块的功能将在下述的软件使用中进行详细介绍。

图 4-8　系统主界面示意图

4.1.4.2　设备信息

(1)点击【设备信息】,在功能显示窗口的左侧可以选择【设备状态】和【连续测试】。点击【设备状态】,可以查询本系统软件目前所管理的水面无人船信息,包括水面无人船所处的位置信息、连接状态、工作状态等信息,滚动鼠标滑轮,可以放大和缩小地图的比例尺,便于查看设备的具体位置信息,如图 4-9 所示。

(2)点击【连续测试】,选择设备号、相关参数,在功能显示窗口右下侧填写监测位置的经纬度信息,然后点击【开始测试】,使用者可以查询到连续测试时无人船的实时位置、无人船的实时状态信息、水质数据的实时折线图以及任务点位等信息。滚动鼠标滑轮,可以放大和缩小地图的比例尺,便于查看设备的具体位置信息。

4.1.4.3　设备管理

(1)点击【设备管理】,在显示栏内可以出现设备列表,在设备列表内可以点击【查询】、【新增】和【删除】进行水面无人船设备的管理。在显示栏左上侧,可以通过输入设备

图 4-9　设备状态界面

号进行快速查询，如图 4-10 所示。

图 4-10　设备管理界面

(2)在显示栏内的设备列表中，点击【编辑】对水面无人船设备的基本信息进行编辑，包括设备号、版本、操作人员联系方式等，编辑结束后点击【确定】后返回，如图 4-11 所示。

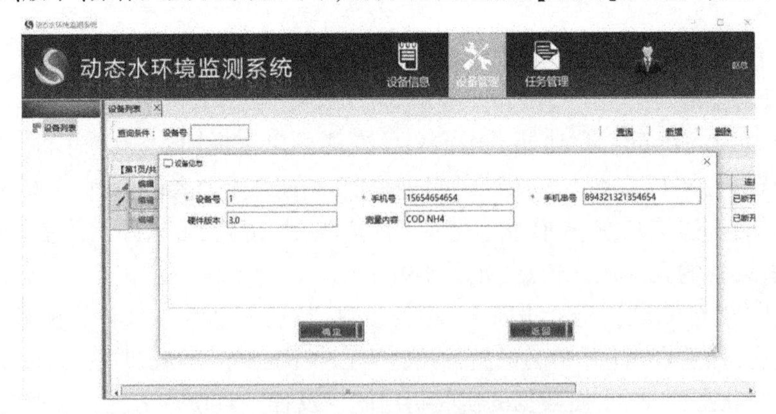

图 4-11　编辑水面无人船基本信息界面

(3)在显示栏内的设备列表中，点击【设置】对水面无人船设备的任务信息进行编辑，包括测量内容、经纬度信息等，编辑结束后点击【确定】后返回，如图 4-12 所示。

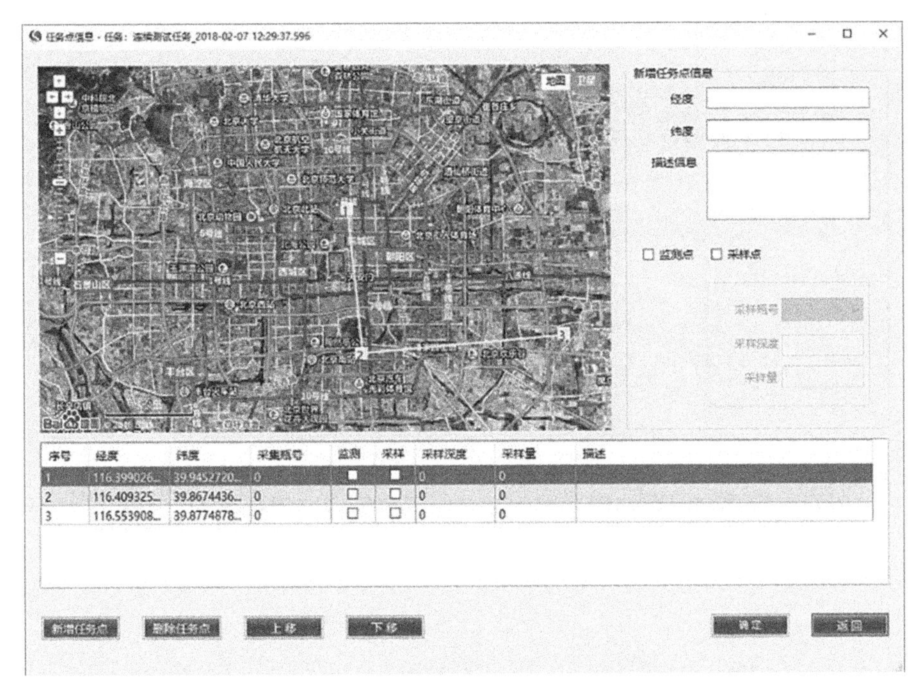

图 4-12　设置水面无人船任务信息界面

4.1.4.4　任务管理

(1)点击【任务管理】,在显示栏左侧的菜单栏中有【任务列表】、【任务执行】、【采集数据】以及【查询统计】四个选项,如图 4-13 所示。

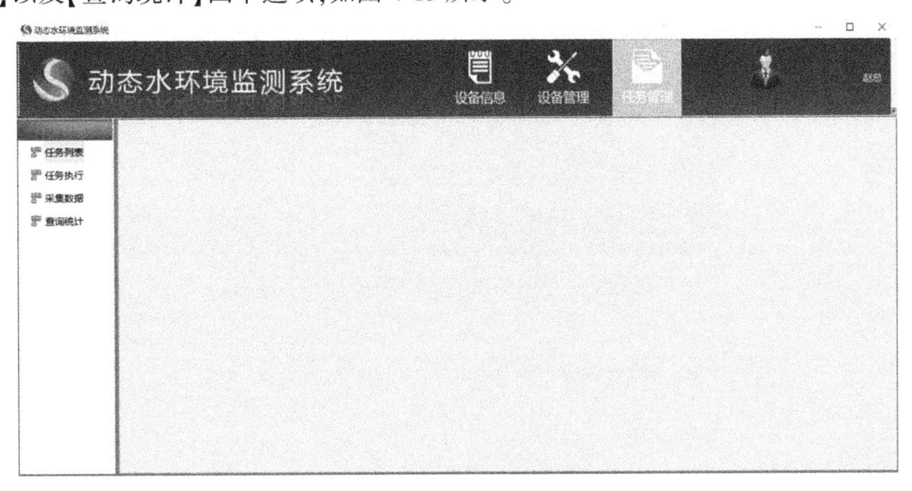

图 4-13　任务管理界面

(2)点击【任务列表】,在显示栏右侧出现所有任务的详细列表,输入任务名称或任务描述可快速查询到相应的任务,如图 4-14(a)所示。点击【新增】可以增加任务,填写任务名称和任务描述信息,如图 4-14(b)所示。点击列表中的【编辑】,对任务模式进行编辑,可以选择点击地图点位或输入点位的经纬度信息来完成任务的地理位置信息设置,可以设定每个监测点的任务模式,需要采样时,需要指定采样瓶号、采样深度以及采样量,如

图 4-14(c)所示。

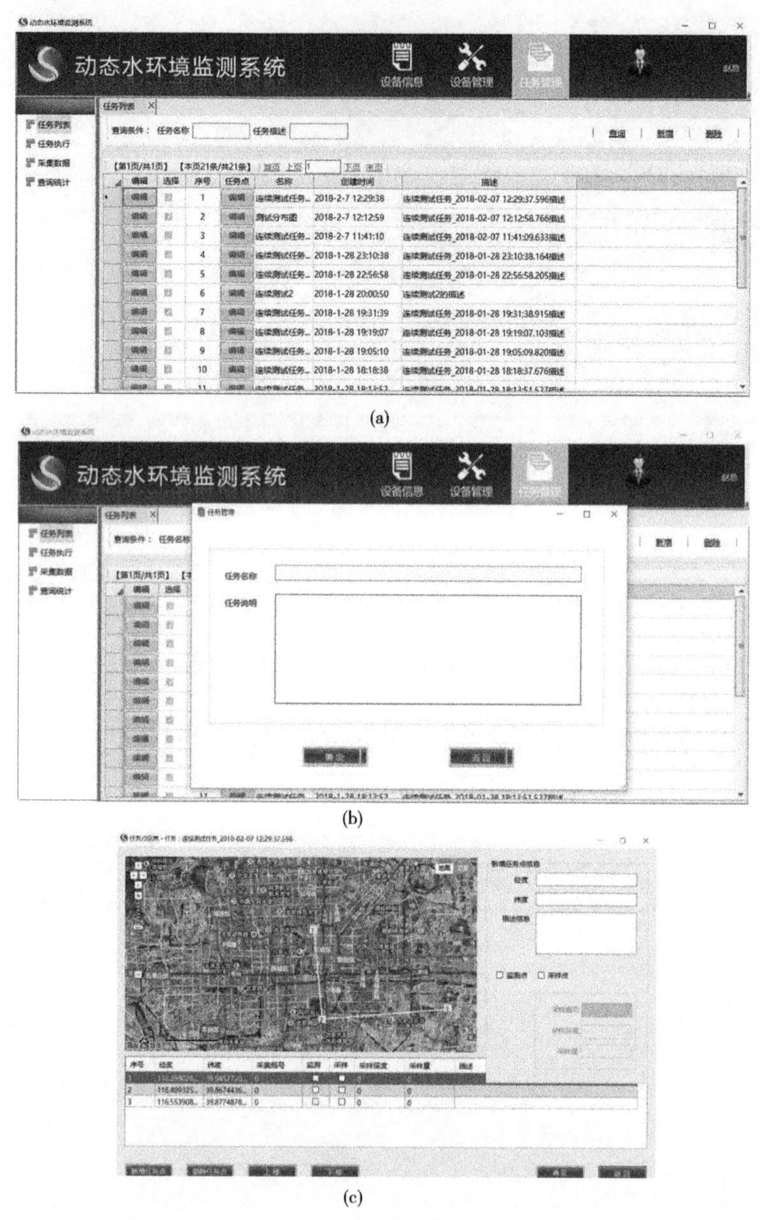

(a)

(b)

(c)

图 4-14　任务列表界面

(3)点击【任务执行】,功能显示窗口展示所有已完成和未完成的任务清单,可以通过输入建立时间(或任务名称,或设备号)快速寻找相应的任务,如图 4-15(a)所示。点击【新增】,将任务列表中添加的任务指派给某一台设备来进行执行,如图 4-15(b)所示。点击任务清单中的【编辑】,选择相应的任务、设备号以及说明等信息,如图 4-15(c)所示。设置完成后,选择相应的任务,点击【执行】,开始执行相应的任务。点击【显示】,可以展示任务执行详情,用来查看水面无人船执行任务的详细情况,如图 4-15(d)所示。

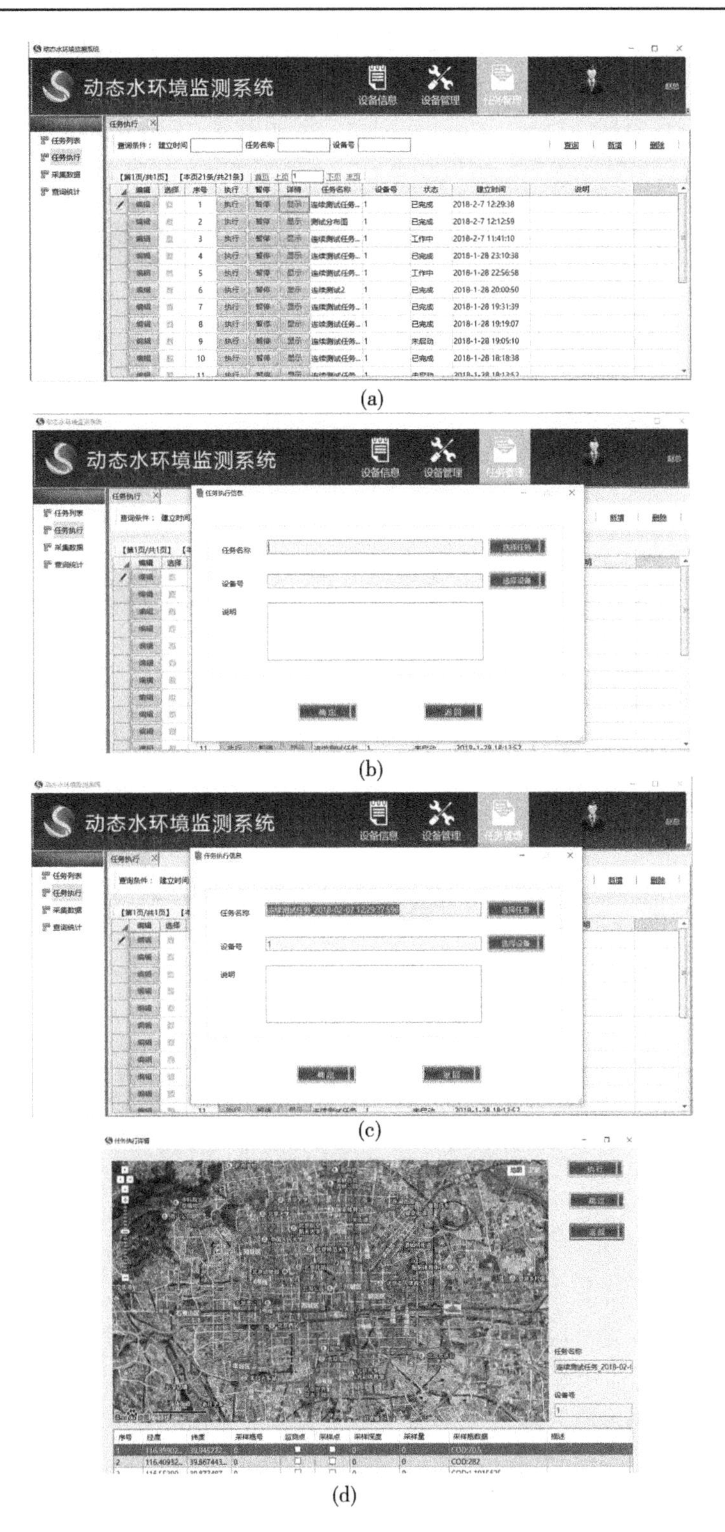

(a)

(b)

(c)

(d)

图 4-15　任务执行信息界面

(4)点击【采集数据】,在显示栏右侧出现水质监测数据的详细列表,如图 4-16(a)所示。输入指标中文名或采集数据元数据名称可快速查找到对应的监测结果。点击【新增】可以增加水质监测指标,如图 4-16(b)所示。点击列表中的【编辑】,对水质监测指标进行编辑,具体包括中英文名、精确位数、单位、相关参数以及备注等,如图 4-16(c)所示。

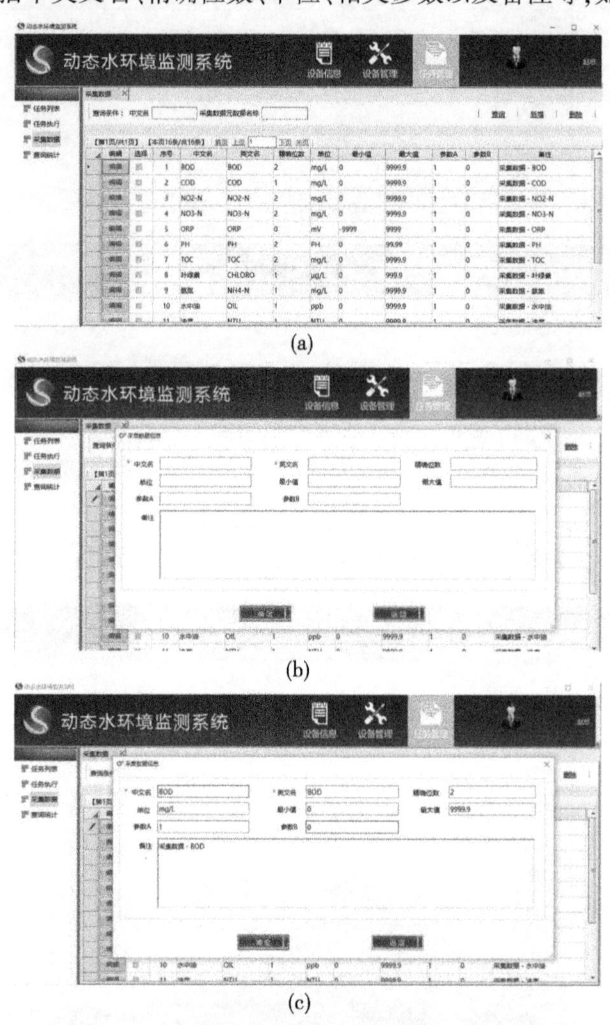

(a)

(b)

(c)

图 4-16　采集数据界面

(5)点击【查询统计】,查看执行完成任务的数据,可对数据进行分析或导出,如图 4-17(a)所示。输入建立时间或任务名称或设备号可以快速查询到相应的任务。点击【新增】,可以选择相应的任务和设备进行导入,如图 4-17(b)所示。点击【查询统计】,可以得到该任务监测得到的水质数据,还可以设定监测指标异常值的提醒范围,如图 4-17(c)所示。点击【分布图】,可以得到该任务获取水质监测数据的空间分布图,如图 4-17(d)所示。点击【折线图】,可以得到该任务获取水质监测数据的变化趋势情况,如图 4-17(e)所示。点击【导出】,可以将改任务的相关内容导出成. doc 格式文档,如图 4-17(f)、(g)所示。

动态水环境监测系统
设备信息
设备管理
任务列表
任务执行
采集数据
查询统计
(a)
动态水环境监测系统
设备信息
设备管理
任务列表
任务执行
采集数据
查询统计
(b)
(c)
(d)
(e)

图 4-17　查询统计界面

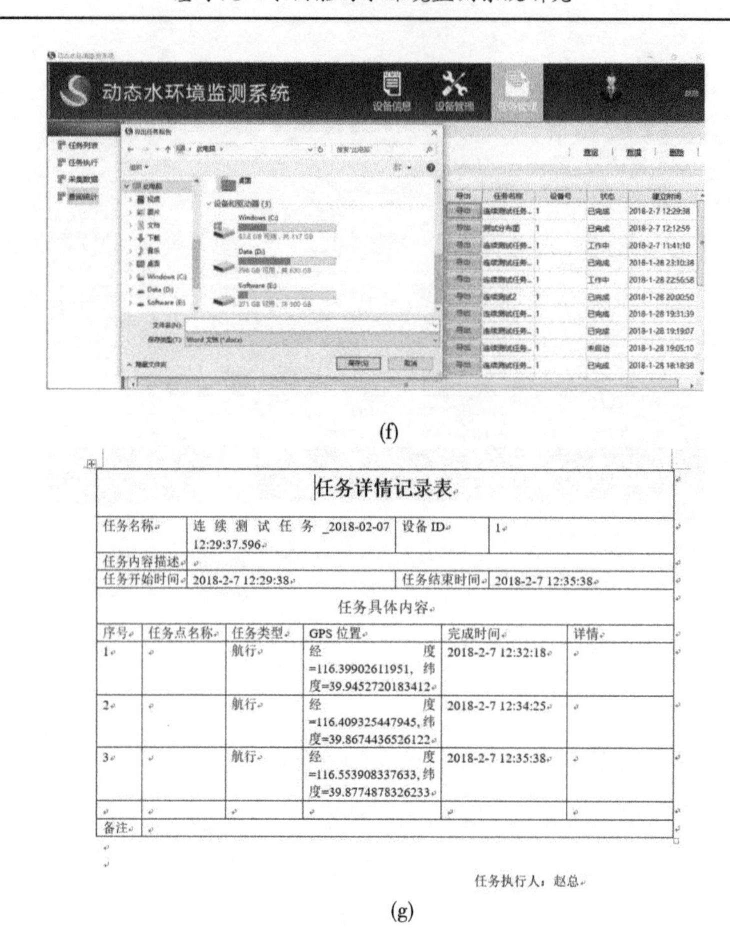

(f)

任务详情记录表

任务名称	连续测试任务_2018-02-07 12:29:37.596	设备ID	1		
任务内容描述					
任务开始时间	2018-2-7 12:29:38	任务结束时间	2018-2-7 12:35:38		
任务具体内容					
序号	任务点名称	任务类型	GPS 位置	完成时间	详情
1		航行	经度=116.39902611951，纬度=39.9452720183412	2018-2-7 12:32:18	
2		航行	经度=116.409325447945,纬度=39.8674436526122	2018-2-7 12:34:25	
3		航行	经度=116.553908337633,纬度=39.8774878326233	2018-2-7 12:35:38	
备注					

任务执行人：赵总

(g)

续图 4-17

4.1.4.5　系统管理

在管理员后台，还具备系统管理功能，主要功能包括用户管理、修改密码等操作，高级用户可以新增和管理所属的下级用户，如图 4-18 所示。

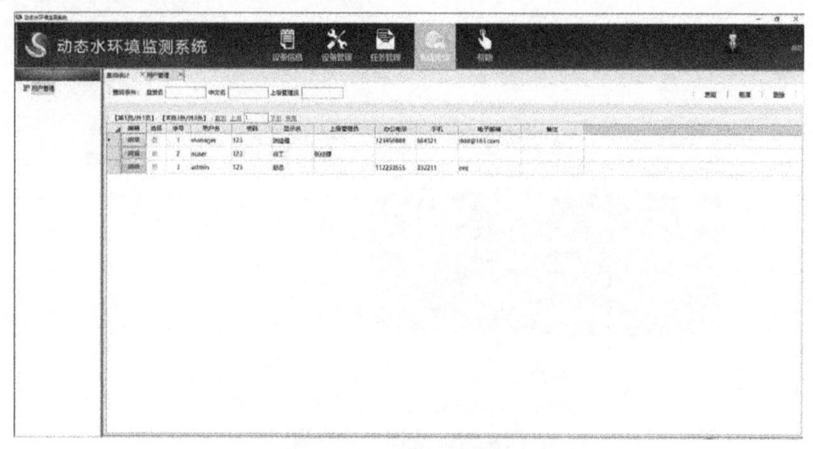

图 4-18　系统管理界面

4.2　航行路径优化算法

路径规划是无人水面船的技术领域研究的重要内容,是实现无人水面船自主决策和导航的核心要素。随着对无人水面船技术领域的研究愈加深入,对于路径规划算法的研究也在不断拓宽。路径规划技术可以按照多种方式进行划分,一般来讲,按照无人水面船对环境的熟知程度,分为全局路径规划和局部路径规划。全局路径规划对于周围的环境信息是已知的,它可以采用栅格法、可视图法、自由空间法、拓扑图法等多种环境建模方法对环境信息进行建模处理,从而探索出一条从起始点到终止点的安全有效路径;局部路径规划对于环境信息是未知的,它通过无人艇自身携带的传感器设备,如雷达、AIS 等传感器获取障碍物信息并进行实时避碰规划。本次研究按照上述这两种模式,分别研发了基于无人水面船的水环境监测系统的全局路径规划算法和局部路径规划算法。

4.2.1　全局路径规划算法

A＊(A-Star)算法,A＊算法是一种静态路网中求解最短路径最有效的直接搜索方法,也是解决许多搜索问题的有效算法。算法中的距离估算值与实际值越接近,最终搜索速度越快。本次研究基于 A＊算法研发基于无人水面船的水环境监测系统全局路径规划算法。

A＊算法是一种启发式搜索算法,它会根据经验引入启发式函数来搜索最短路径,是一种应用广泛的求解最短路径的全局路径规划算法。对于 A＊算法来说,其关键在于估价函数的选取,通过估价函数计算起点与各相邻节点的距离,选择距离最短的节点作为路径节点,并从该节点继续搜索路径,直到找到终点。

A＊算法的估价函数为

$$f(n)=g(n)+h(n) \tag{4-1}$$

式中:$f(n)$ 为起点 s 经过前节点 n 到终点 g 的估价函数;$g(n)$ 为当前节点 n 到起点 s 的实际代价函数;$h(n)$ 为当前节点 n 到终点 g 的预估代价函数。

预估代价函数 $h(n)$ 是具有启发式信息的函数,它也表示 A＊算法的距离评估值。$h(n)$ 函数包含的启发式信息愈多,A＊算法的寻路效率就愈高,规划得到的路径更加接近理想最短路径。对于二维平面上节点 n 和终点 g 之间距离,通常用以下三种方式进行表示。

4.2.1.1　曼哈顿距离

曼哈顿距离(Manhattan distance)的原理比较简单,它是指两点在各坐标轴上的距离之和,可以表示为

$$h(n)=|(n.x-g.x)|+|(n.y-g.y)| \tag{4-2}$$

式中:$n.x$、$n.y$ 分别为节点 n 的 x 和 y 值;$g.x$、$g.y$ 分别为节点 g 的 x 和 y 值;以下同理。

4.2.1.2　欧几里得距离

欧几里得距离实际上是求两个点之间的直线距离,其数学表达式为

$$h(n)=\sqrt{(n.x-g.x)^2+(n.y-g.y)^2} \tag{4-3}$$

当环境中障碍物较多时,此方式计算出的估价值与实际距离误差较大,也会使算法的

效率大大降低。

4.2.1.3 切比雪夫距离

切比雪夫距离是指两点间的向量中各分量之差的绝对值的最大值,其二维平面上两个点之间的距离可以表示为

$$h(n) = \max(|n.x - g.x|, |n.y - g.y|) \tag{4-4}$$

在搜索过程中,会不断对 A * 算法的 Open 列表和 Closed 列表这两个状态表进行操作,其中将未被评估的节点放入 Open 列表,将已被评估的节点放入 Closed 列表。算法运行时,将起始节点加入 Open 列表,在 Open 列表中找到 $f(n)$ 值最小的节点作为搜索的路径点,并将此节点放入 Closed 列表中,同时搜索这个节点周围的节点,找到包含在 Open 列表中 $f(n)$ 值最小的节点作为下一搜索路径点并将搜索到的节点加入 Closed 列表,如此循环直到找到目标节点结束算法。A * 算法的具体流程如图 4-19 所示。

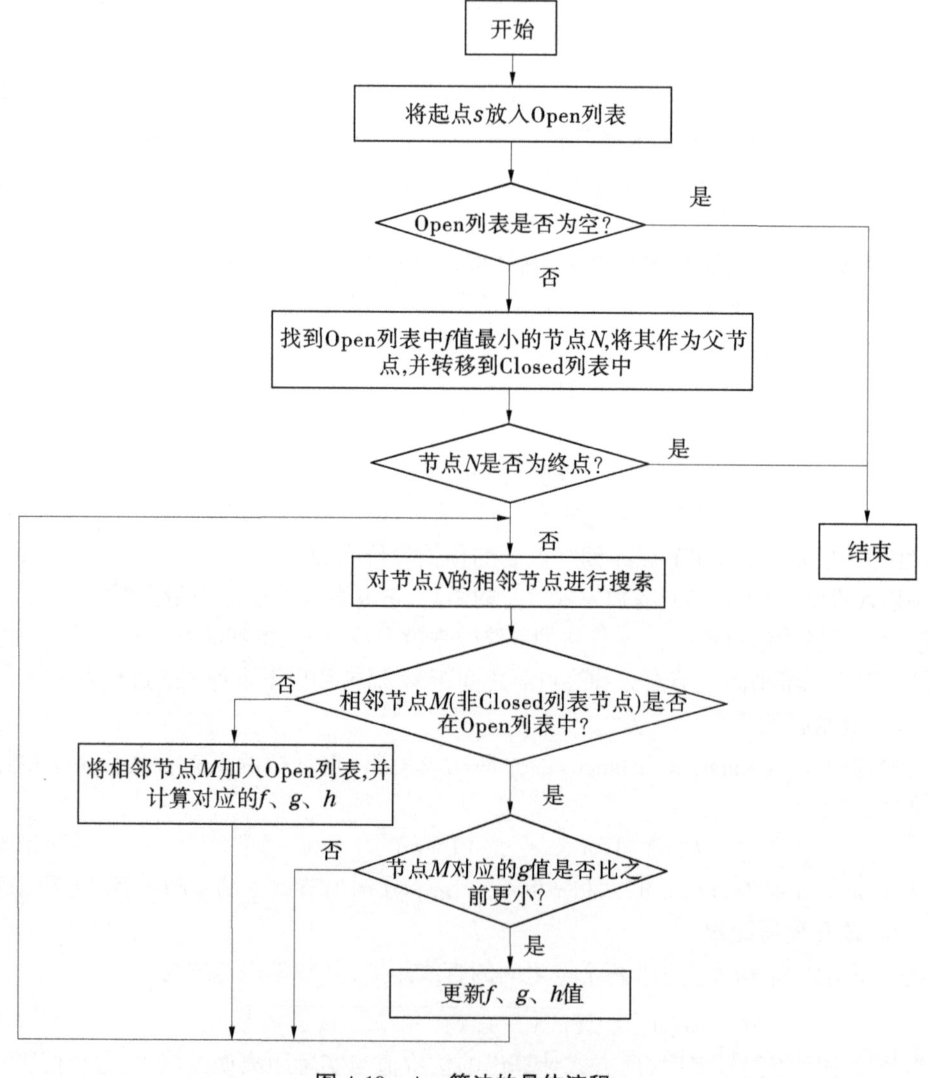

图 4-19 A * 算法的具体流程

A＊算法通过引入估价函数,路径搜索精度和速度都有明显提高,但是对于启发式估价函数的选择具有主观性,而且 A＊算法的时间和空间复杂度会随着问题规模的增大而显著增高。为了避免 $h(n)$ 函数选择得不合理而导致算法运行效率低等问题,本次研究在水面无人船的全局路径规划中选择曼哈顿距离作为启发式函数。

4.2.2　局部路径规划算法

在水环境监测过程中,无人水面船航行的水域环境是复杂多变的,静态的卫星影像地图无法包含所有的环境信息,特别是动态未知障碍物信息,例如航行水域上也许会出现其他船只、动态未知漂浮物等。常用的全局路径规划算法都具有动态环境下的不适应性问题。局部路径规划可以利用雷达、AIS、GPS、电罗经等传感器装置实时获取无人水面船在运动过程中遇到的未知障碍物,并通过这些信息在线规划出一条安全路径,实现无人艇实时避碰。本次研究采用运算速度快、结构简单、局部搜索能力强的人工势场法(APF)作为局部路径规划算法,该算法可根据传感器在线探测障碍物进行局部路径规划,并及时对无人水面船的航速和航向做调整。人工势场法非常便于实现低层的实时控制,使其成为求解局部路径规划中应用极为广泛的一种寻路算法。

人工势场法最早是由美国学者 Khatib 提出的一种用于解决机器人在运动过程中避开障碍物的算法。其基本原理是:将机器人所在的运动空间抽象成一个虚拟力场,机器人在运动过程中受到目标点的“引力”以及周围障碍物的“斥力”,在“引力”与“斥力”两者的合力下控制机器人运动到目标点。无人艇在虚拟力场中的受力分析如图 4-20 所示。人工势场法规划出的路径不仅平滑而且安全,相对于其他算法而言,它还具有函数结构简单、实时性强的优点。此外,人工势场法能对传感器实时采集到的数据即刻做出调整反应,这种优势使之成为局部路径规划中常用的经典算法。本次研究中选择 APF 算法作为局部路径规划算法,本节将主要对该算法进行详细介绍。

引力场函数为

$$U_{\text{att}}(x)=\frac{1}{2}\lambda(x-x_{\text{g}})^{2} \tag{4-5}$$

式中:λ 为引力系数;x 为当前位置;x_{g} 为目标点位置。

斥力场函数为

$$U_{\text{rep}}(x)=\begin{cases}0 & (\rho>\rho_0)\\ \dfrac{\mu}{2}\left(\dfrac{1}{\rho}-\dfrac{1}{\rho_0}\right)^{2} & (\rho\leqslant\rho_0)\end{cases} \tag{4-6}$$

式中:μ 为斥力系数;ρ 为无人水面船与障碍物间的最短距离;ρ_0 为障碍物影响距离的常数。

将人工势场法运用于无人水面船局部路径规划中,可以将无人水面船周围航行环境视为一个虚拟力场。无人水面船在航行时,目标点产生的吸引力与障碍物产生的排斥力叠加为合力,决定无人艇的航行方向和位置。

根据 APF 算法的函数模型[见式(4-5)、式(4-6)]可知,无人水面船在不同位置受到的作用力也不相同。对于经典的 APF 算法而言,其存在的主要问题有以下几点:

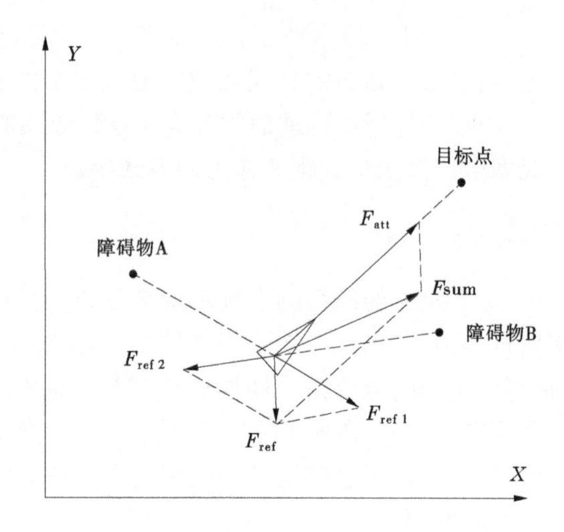

注：F_{ref1}、F_{ref2} 分别为障碍物 A 和障碍物 B 的斥力方向；F_{ref} 为障碍物 A 和障碍物 B 的斥力的合力；F_{att} 为为目标点的引力方向；F_{sum} 为引力与斥力的合力方向。

图 4-20　人工势场法受力分析示意图

(1)局部最小值问题。无人水面船和目标点之间的距离越远,受到的引力作用越大,引力随着无人水面船与目标点之间距离的减小而减小。而当无人水面船在障碍物的斥力影响范围之外时,受到的斥力大小为 0,一旦进入斥力影响范围中,所受的斥力作用力就会随着无人水面船与障碍物两者间距离的减小而急剧增大。如果在目标点附近出现障碍物,极有可能造成障碍物产生的斥力与引力平衡,即两者合力为 0,出现局部最小处,水面船停在其当前位置,无法到达目标点。

(2)局部震荡问题。局部震荡问题容易出现在无人水面船周围环境障碍物较多的情况下,由于人工势场法无法对环境进行预判,当进入到障碍物密集区域时,所受的障碍物斥力相叠加,此作用力极有可能大于目标点产生的引力,导致无人水面船沿着远离目标点的方向运动。当无人艇离开障碍物作用范围时,又由于受到引力作用向目标点运动,此时又会进入到障碍物密集区,如此反复,导致无人水面船在此区域来回震荡。

为克服无人水面船采用人工势场法进行路径规划时,遇到大型障碍物易陷入局部最小陷阱的缺点,本次研究提出将 A * 算法和人工势场法结合的策略,即将 A * 算法搜索的全局路径点作为子目标点,并融合人工势场法进行局部路径规划,便可避开大型障碍物,克服单独采用 APF 算法易陷入局部陷阱的问题。此外,该方法的设计还能够解决 A * 算法在动态环境中的不适应性等问题,并避免无人水面船进行路径重规划。

为了尽量减小经典 APF 算法所造成的问题,本节对该算法的函数模型进行改进处理:降低函数模型阶次,以避免由于离目标点较远时引力较大,迫使无人水面船陷入障碍物群,以及当无人水面船离障碍物比较近时,受到斥力较大而导致引力与合力的方向突变,造成无人水面船在航行过程中较大幅度地调整航向角。此外,降低函数模型阶次,可减小算法的运算量,提高算法的实时性和搜索效率。

处理后的引力场函数为

$$U_{att}(x)=\lambda(x-x_g) \tag{4-7}$$

式中：λ 为引力系数；x 为当前位置；x_g 为目标点位置。

处理后的斥力场函数为

$$U_{rep}(x)=\begin{cases}0 & (\rho>\rho_0)\\ \mu\left[\left(0.9\times\dfrac{\rho}{\rho_0}+0.1\right)^{-2}-1\right] & (\rho\leqslant\rho_0)\end{cases} \tag{4-8}$$

式中：μ 为斥力系数；ρ 为无人水面船与障碍物间的最短距离；ρ_0 为障碍物影响距离的常数。

4.3　水体污染场快速扫描算法

基于无人水面船的灵活性和光学水质传感器的高频监测性，本次研究引入 GIS 的插值方法进行水体污染场的快速扫描，通过点位的监测和插值方法，给用户快速呈现水体污染场水质指标浓度的空间分布图，在进行空间插值时，动态水环境监测系统 V1.0 会进行异常值的剔除，由用户自行设置偏离程度。具体引入的 GIS 插值方法如下所述。

4.3.1　反距离权重法(IDW)

反距离权重法原理是基于地理学第一定律，依据相近相似原理，利用预测点和采样点之间的距离进行加权，距离预测点越近，采样点给出的权重也就越大。计算公式如下：

$$Z=\sum_{i=1}^{n}\frac{Z_i}{(d_i)^p}\Big/\sum_{i=1}^{n}\frac{1}{(d_i)^p} \tag{4-9}$$

式中：Z 为水质指标浓度预测值；Z_i 为第 $i(i=1,2,3,\cdots,n)$ 个水质指标浓度监测值；d_i 为预测点到 i 点的距离；p 为距离的幂，通常为 2；n 为参与插值的样本数。

4.3.2　普通克里金法(Kriging)

普通克里金法又称地统计法，是一种无偏估计的插值方法。其原理是利用已知样本的加权样本的加权平均值估计平面上的未知点值，使估计值等于实际值的数学期望值，且方差最小。计算公式如下：

$$Z=\sum_{i=1}^{n}\lambda Z(X_i) \tag{4-10}$$

式中：Z 为水体污染场水质指标浓度的预测值；λ 为克里金权重系数；$Z(X_i)$ 为实测点 X_i 处的水体污染场水质指标浓度的监测值。

4.3.3　样条函数法(Spling Function Method)

样条函数法是采用多项式拟合样本数据生成光滑插值曲线的一种插值方法。计算公式如下：

$$Z=\sum_{i=1}^{n}\lambda_i R(d_i)+T(x,y) \tag{4-11}$$

式中：Z 为水体污染场水质指标浓度值；n 为样本数；λ_i 为线性方程组求解系数；d_i 为水体

污染场水质指标浓度预测点到 i 点的距离；x、y 分别为平面直角坐标系的横、纵坐标值；$R(d_i)$为 d_i 为自变量的方程；$T(x,y)$为 x,y 为自变量的二元线性方程组。

4.3.4 趋势面法(Trend)

趋势面法是基于多项式回归分析原理，得到一个适合地理要素空间分布的光滑层面，而后依据面方程计算预测点的属性值。计算公式如下：

$$Z(x,y)=\sum_{k=0}^{n_0}\sum_{i=1}^{k}a_{k,j}kx^{k-i}y^{i}+\varepsilon \tag{4-12}$$

式中：$Z(x,y)$ 为水体污染场水质指标浓度预测值；n_0 为多项式阶数；ε 为随机误差；$a_{k,j}$ 为水体污染场水质指标浓度监测值确定系数；x,y 分别为平面直角坐标系的横、纵坐标值。

4.3.5 插值方法的选取

当无人水面船完成监测水域所有样点的水质指标浓度监测工作后，可通过以下两种方式进行插值方法的选取：

(1)若被监测水域有固定的水质点，提取插值后的面状水体污染场所对应的水质指标浓度，与固定点位的水质指标浓度进行对比，选取平均绝对误差(*MAE*)和均方根误差(*RMSE*)两种常用的指标进行插值效果的评判，计算公式如下：

$$MAE=\frac{1}{n}\sum_{i=1}^{n}\mid Z_i-Z(X)\mid \tag{4-13}$$

$$RMSE=\sqrt{\frac{\sum_{i=1}^{n}[Z_i-Z(X)]^2}{n}} \tag{4-14}$$

式中：Z_i 为验证水体污染场水质指标浓度值；n 为固定水质监测点数量；$Z(X)$为插值后的水体污染场水质指标浓度值。

动态水环境监测系统 V1.0 会选取 *MAE* 值和 *RMSE* 值最小的插值结果展现给用户。

(2)若被监测水域无固定水质监测点位，动态水环境监测系统 V1.0 会将四种插值方法呈现的水体污染场浓度空间分布图均呈现给用户，由用户选择污染带光滑、无异常值的图件。

4.4 污染源追踪监测算法

考虑到由于污染源排污引起的水体污染场水质指标浓度的动态变化性，在满足无人水面船的电量、避障的前提下，在无人水面船的路径规划中增加污染源追踪算法约束条件，即在式(4-1)~式(4-8)中增加约束条件公式。其约束的基本流程如下所述：

(1)参考 D8 流向的思路，以象限的维度，设定无人水面船的行驶方向为 45°、135°、225°和 315°，如图 4-21 所示。

(2)按顺时针的顺序，水面无人船在每个象限内随机选择三个点进行水质指标浓度的监测，并取其平均值。对比四个象限内的水质指标浓度平均值，选取最大值作为水面无

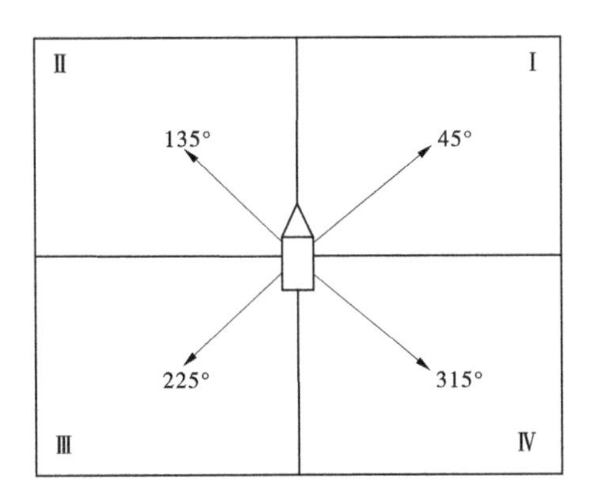

图 4-21　无人水面船的行驶方向

人船下一步行驶的方向,其控制方程如下:

$$C_k = \frac{1}{3}C_{ij} \quad (i = 1,2,3,4; j = 1,2,3) \tag{4-15}$$

$$D_{ir} = \max(C_{ij}) \tag{4-16}$$

式中:C_k 为某一象限内的水质指标浓度平均值,mg/L;C_{ij} 为第 i 个象限内第 j 个水质监测点水质指标浓度值,mg/L;D_{ir} 为无人水面船下一步行驶方向。

(3)为了进一步节约无人水面船的电量,无人水面船下一步行驶方向经过的象限不进行重复的水质指标浓度监测和计算,其行驶路径如图 4-22 所示。

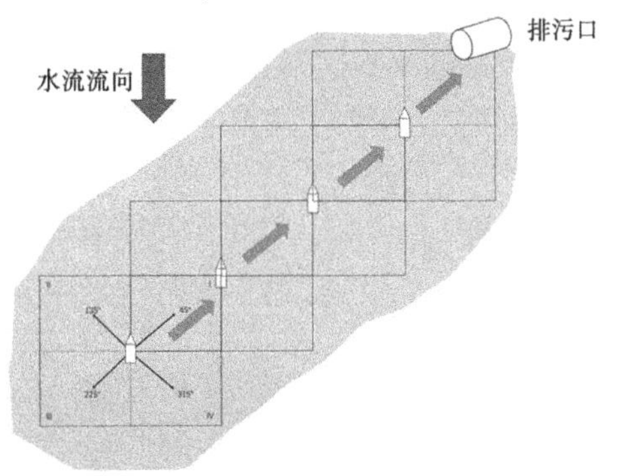

图 4-22　无人水面船污染源追踪路径

4.5　小　结

本章主要介绍了基于无人水面船的水环境监测系统的软件部分,即动态水环境监测系统 V1.0 的关键技术,包括系统软件的操作、水面无人船的全局路径规划算法和局部路径规划算法、水体污染场快速扫描算法以及污染源溯源追踪监测算法。

第 5 章　基于无人水面船的水环境监测系统应用区域

本次研究基于国内无人船市场充分调研的基础上，本着自主设计、可二次研发的原则，按照自主设计的船舱内部设计图纸，于 2018 年购买无人水面船 1 艘，并配备了相应的水质监测传感器，在此基础上，研发了动态水环境监测系统 V1.0。在 2019 年，考虑到无人水面船在水环境监测中的动力需求，经与厂家协商，置换了 1 艘动力更为强劲的无人水面船，即目前所拥的有水质智能监测无人船。

为了检测无人水面船的动力、定位、避障、路径规划、污染源溯源、污染场绘制等功能，本次研究于 2018 年在玉渊潭湖区开展了区域测试工作，于 2019 年在肖家河排污口下游河段开展了区域测试工作，于 2020 年在四川乌东德水库开展了应用测试工作，具体如下所述。

5.1　玉渊潭湖区域测试

为了验证无人水面船的航行路径优化算法、水质指标二维浓度分布图刻画以及检验自主设计的多参数水质监测传感器的准确性，我们利用二次研发后的无人水面船对玉渊潭湖泊开展水环境监测工作。湖泊水域面积为 21.89 万 m^2，整个测区共设置了 20 个关键节点，水质监测指标为水温、pH、溶解氧、浊度、电导率和化学需氧量，采用目前通用的 YSI 水质监测仪进行同步监测来验证水质指标数据的准确性。无人水面船开展水环境监测情况及无人水面船地面控制系统界面、水环境监测关键点设置及无人水面船航行轨迹见图 5-1、图 5-2。

图 5-1　无人水面船开展水环境监测

在整个水环境监测过程中，无人水面船共航行距离为 4.7 km，航行时间为 37 min。通过无人水面船完成的航行轨迹、水质浓度空间分布图以及水质指标监测数据的可靠性，进行二次研发的无人水面船已基本具备进行水环境监测工作的能力。

(1)通过航行路径优化算法，无人水面船的自主航行轨迹已全部涵盖设置的关键节

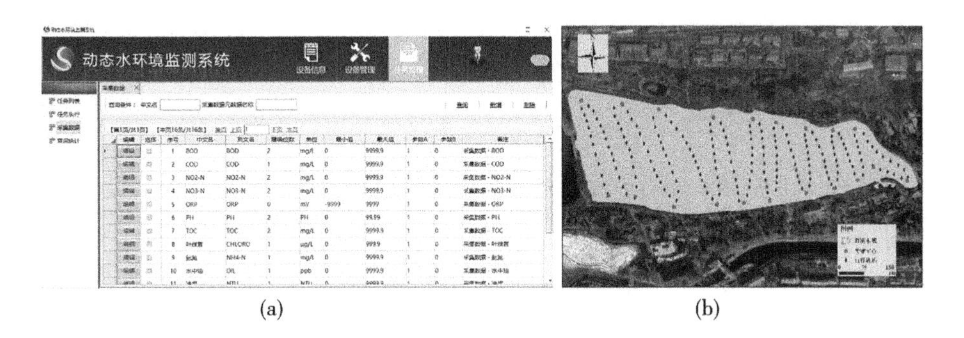

图 5-2　无人水面船地面控制站系统界面、水环境监测关键节点设置及无人水面船航行轨迹

点，且均匀地分布于整个监测区域。

(2)通过与 YSI 水质监测仪进行对比，自主研发的小型多参数水质监测传感器的相对误差小于 5%，满足水环境监测工作的需求。

(3)通过刻画的水质浓度空间分布图，可以快速、直观地发现不同水质指标的空间变化特征。

关键节点处多参数水质传感器与 YSI 水质监测仪对比见图 5-3、图 5-4。

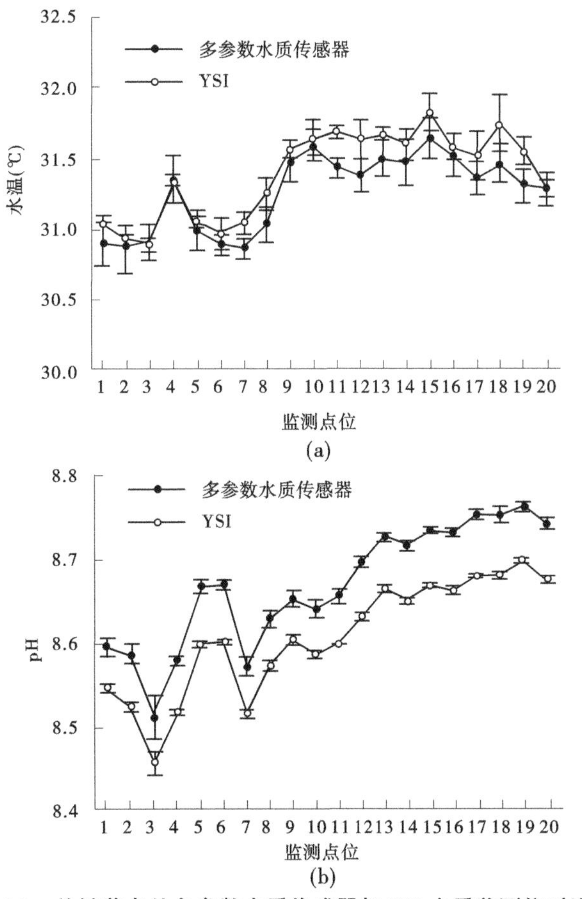

图 5-3　关键节点处多参数水质传感器与 YSI 水质监测仪对比(一)

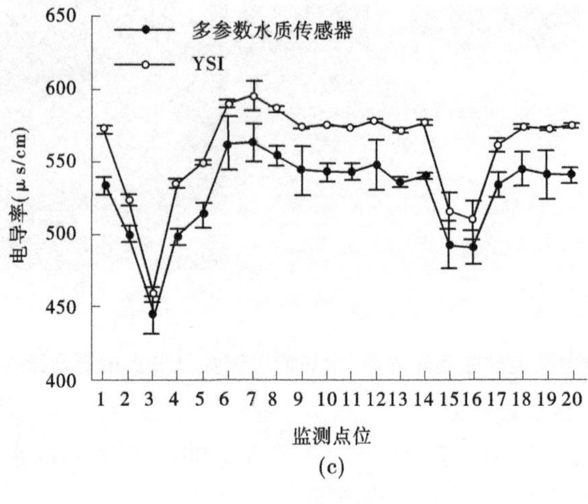
多参数水质传感器
YSI
电导率(μs/cm)
650
600
550
500
450
400
1 2 3 4 5 6 7 8 9 10 11 12 13 14 15 16 17 18 19 20
监测点位
(c)

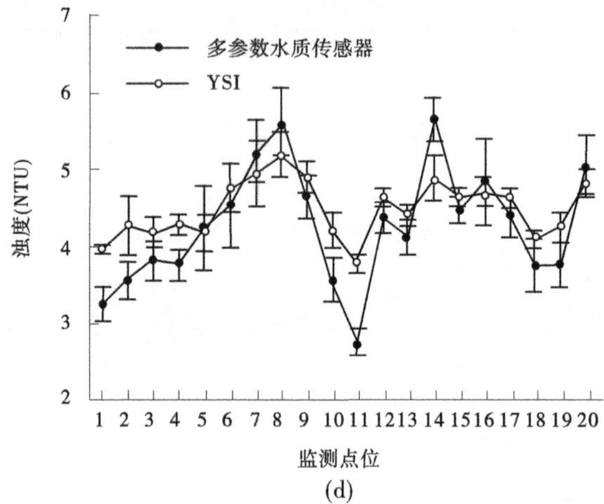
多参数水质传感器
YSI
浊度(NTU)
7
6
5
4
3
2
1 2 3 4 5 6 7 8 9 10 11 12 13 14 15 16 17 18 19 20
监测点位
(d)

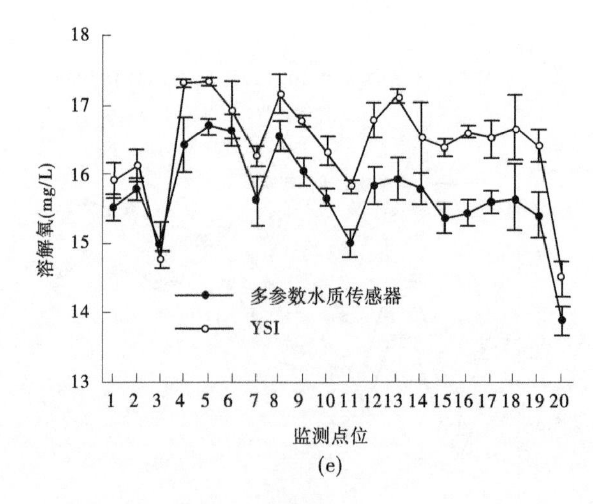
多参数水质传感器
YSI
溶解氧(mg/L)
18
17
16
15
14
13
1 2 3 4 5 6 7 8 9 10 11 12 13 14 15 16 17 18 19 20
监测点位
(e)

续图 5-3

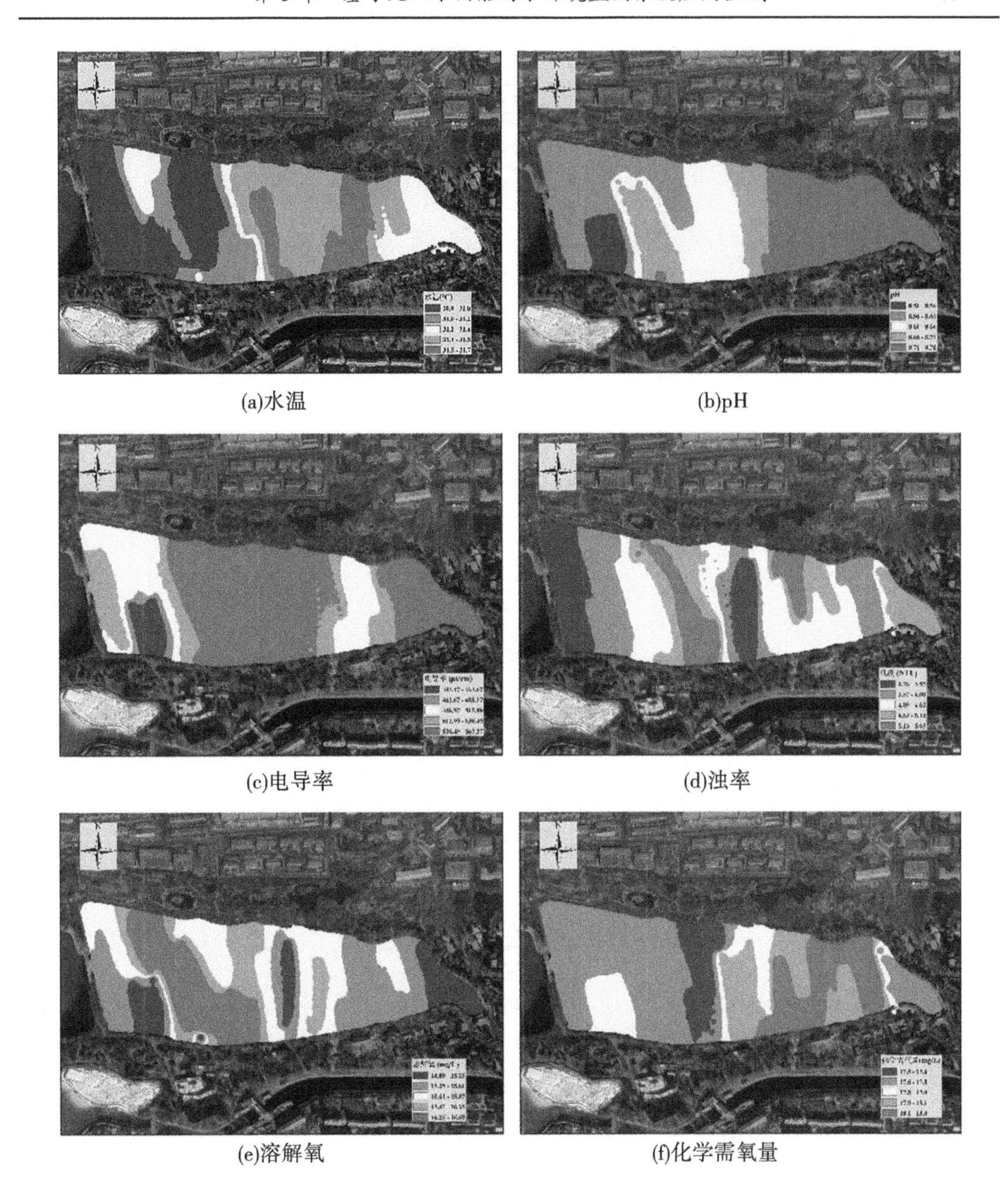
(a)水温　(b)pH

(c)电导率　(d)浊率

(e)溶解氧　(f)化学需氧量

图 5-4　关键节点处多参数水质传感器与 YSI 水质监测仪对比(二)

5.2　肖家河排污口河段区域测试

为了进一步检测无人水面船的污染源追踪算法的可靠性,本次研究于 2019 年在北京肖家河排污口河段内开展了区域测试工作,测试区域为肖家河污水处理厂对外排污口上、下游 2 km 范围,如图 5-5 所示。

本次区域测试还同步检测光学水质传感器水质指标浓度监测的稳定性和船体定位的

图 5-5　区域测试图

准确性,其监测的水质指标包括水温、溶解氧、电导率、pH、浊度以及化学需氧量。

本次区域测试通过无人水面船的快速监测和路径规划算法,实现入河排污口的定位,其监测点位的布置如下所述。

第 1 步:水体污染场快速扫描,监测断面之间距离设置为 100 m,其空间监测点位如图 5-6 所示。

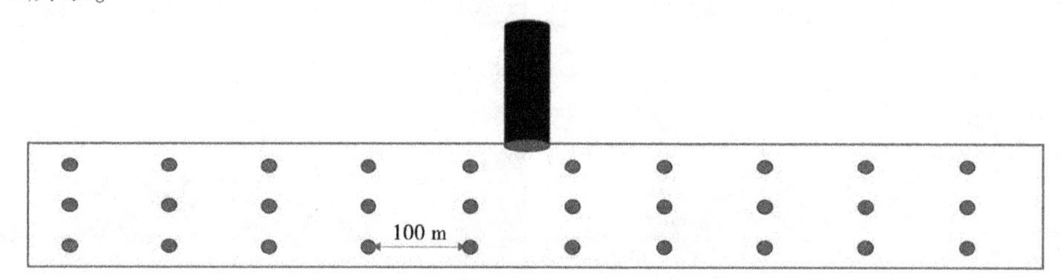

图 5-6　污染场快速扫描监测点位设置

第 2 步:重点区域污染场加密监测,监测断面之间距离设置为 50 m,其空间监测点位如图 5-7 所示。

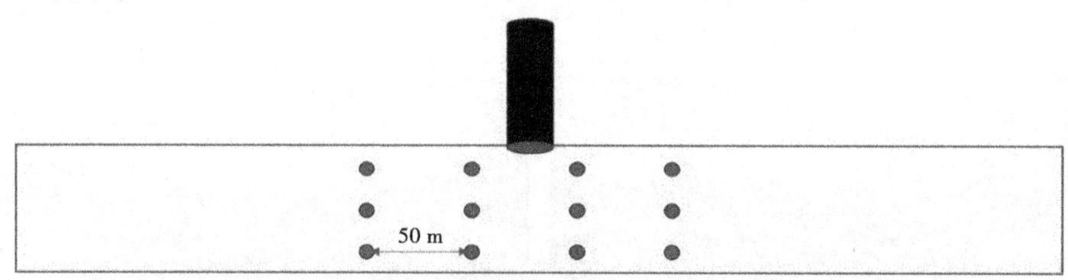

图 5-7　重点区域污染场加密监测点位设置

第 3 步:污染排污口定位,监测断面之间距离为 10 m,其空间监测点位如图 5-8 所示。

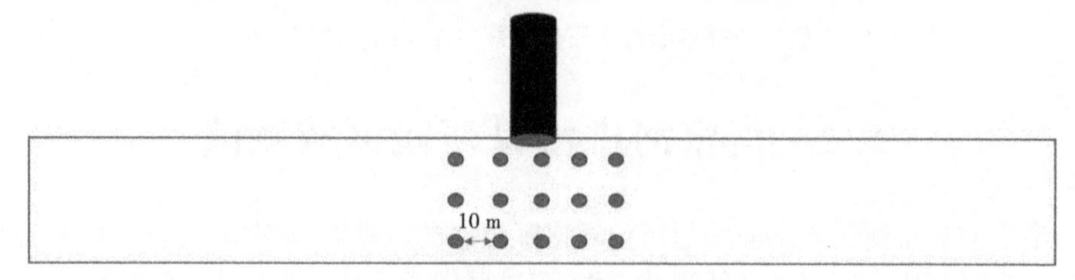

图 5-8　污染排污口监测点位设置

图 5-9 展示了无人水面船在肖家河排污口上、下游开展监测的情景,图 5-10 展示了无人水面船在局部路径规划算法和污染源追踪算法联合控制下所形成的污染场分布,可

以看出,在算法的控制下,无人水面船可以自行进行入河排污口的追溯和定位。

图 5-9　区域测试照片

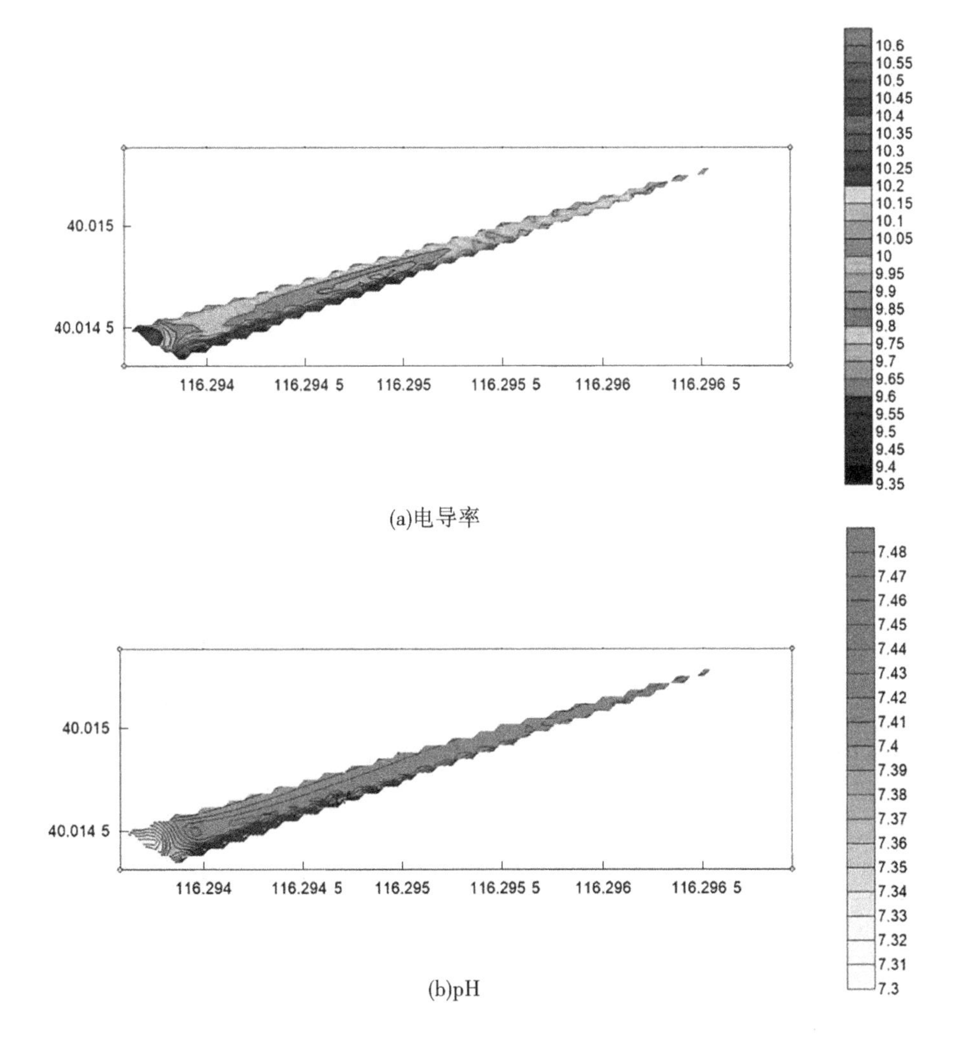

(a)电导率

(b)pH

图 5-10　区域测试结果展示

5.3 乌东德水库排污口水域区域测试

应乌东德水库管理部门的要求，中国水科院水生态环境所应用自身研发的水质智能监测无人船开展乌东德水库入库排污口污染带的监测工作，监测点位如图 5-11 所示，共监测 655 个点位，历时 3 h，监测指标包括水温、溶解氧、电导率、浊度、氧化还原点位、化学需氧量和氨氮。图 5-12 展示了水质智能监测无人船在乌东德水库开展监测工作的照片，由于水库内的水流流速较快，为保障安全起见，由大船牵引、小船自由航行的子母船的模式开展水质指标浓度的监测工作。

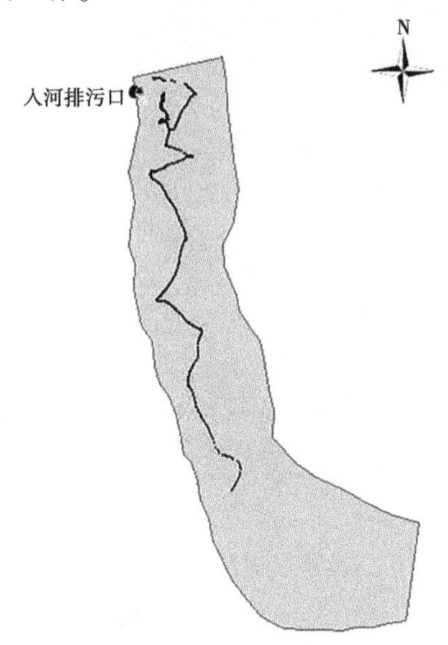

图 5-11 监测点位分布

图 5-12 监测现场照片

图 5-13 展示了水质智能监测无人船电导率和氨氮的沿程变化特征，可以看出，在入库排污口附近，电导率和氨氮的浓度出现峰值现象。图 5-14 进一步展示了监测水质指标浓度的空间分布情况，可以看出，电导率和氨氮浓度的峰值区域出现在入库排污口下游 1~1.5 km 区域，其监测结果和污染场分布图得到了乌东德水库管理局的认可。

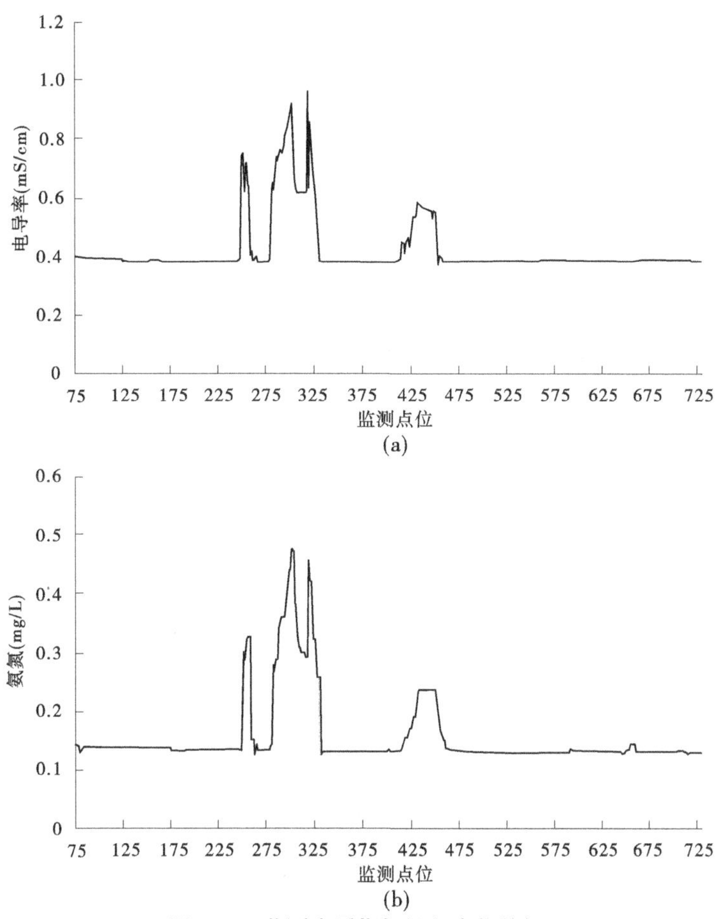

图5-13 监测水质指标沿程变化特征

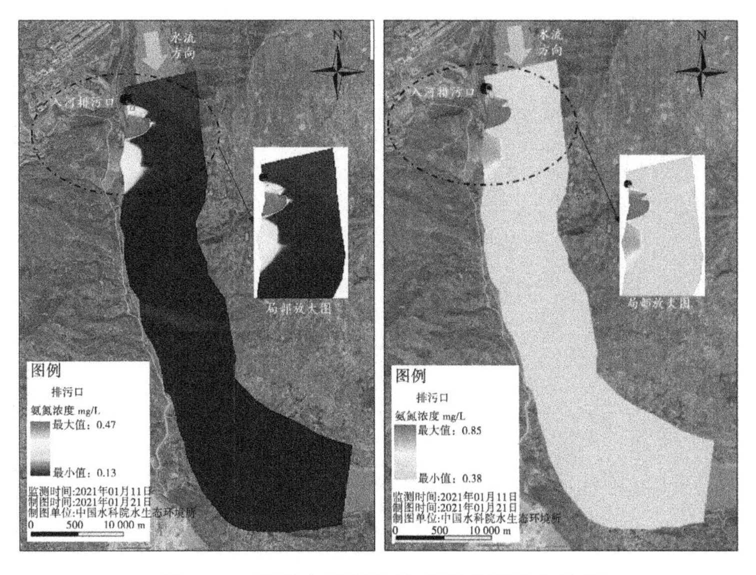

图5-14 监测水质指标浓度的空间分布特征

5.4 小结

为检验基于无人水面船的水环境监测系统研发的可靠性和稳定性,本次研究开展了玉渊潭湖区域测试、肖家河排污口河段区域测试和乌东德水库排污口水域区域测试工作,其测试结果证明自主研发的基于无人水面船的水环境监测系统基本能满足水环境日常监测工作的需求,也为进一步完善相应的算法提供了参考依据。

第 6 章　基于无人水面船的水环境监测系统成果推广

6.1　标准制定

在技术推广方面,以中国水利水电科学研究院作为第一主编单位,由中国质量检验协会和中国水利企业协会共同发起,联合国内 30 余家高校与企业,编制了《无人船船载水质监测系统》《水质监测无人船巡查作业技术导则》《光谱法水质在线监测系统技术导则》《内陆水体水质监测系统 浮标式》《无人机光谱遥感河湖库巡检技术导则》5 项团体标准。

6.1.1　《无人船船载水质监测系统》标准

《无人船船载水质监测系统》标准规定了无人船船载水质监测系统的组成、功能、技术要求、检验方法、标志、包装、运输以及储存。该标准适用于水环境监测领域的无人船船载水质监测系统的设计、制造和应用。

《无人船船载水质监测系统》标准结构为前言、范围、规范性引用文件、术语和定义、总则、技术要求、检验方法以及产品标志、包装、运输和储存,其中在技术要求部分主要介绍无人船船载水质监测系统的工作环境和性能指标,检验方法主要介绍了水质监测传感单元检验、外观检查、供电系统检验、通信测试、环境试验和可靠性试验。

《无人船船载水质监测系统》发布通知见图 6-1,标准具体内容见附件 2。

6.1.2　《水质监测无人船巡查作业技术导则》标准

《水质监测无人船巡查作业技术导则》标准规定了水质监测无人船巡查系统的组成、功能要求、作业要求、巡查前准备、巡查模式及内容、资料的整理和移交、异常情况处理等内容。该标准适用于采用小型水质监测无人船对地表水进行的巡查作业。

《水质监测无人船巡查作业技术导则》标准结构为前言、范围、规范性引用文件、术语和定义、巡查系统、作业要求、巡查前准备、巡查模式及内容、资料的整理及移交及异常情况处理,其中在术语和定义部分主要对无人船、水质监测无人船、水质监测无人船巡查系统、污染源溯源和自动巡查进行了界定。巡查系统部分主要包括水质监测无人船的系统组成和功能要求,其中系统组成包括无人船子系统、水质监测子系统、采样子系统、地面保障子系统、图像监测子系统和安全报警子系统。作业要求部分主要包括人员要求、安全要求、环境要求和维护保养要求。图 6-2 展示了水质监测无人船巡查的作业流程。

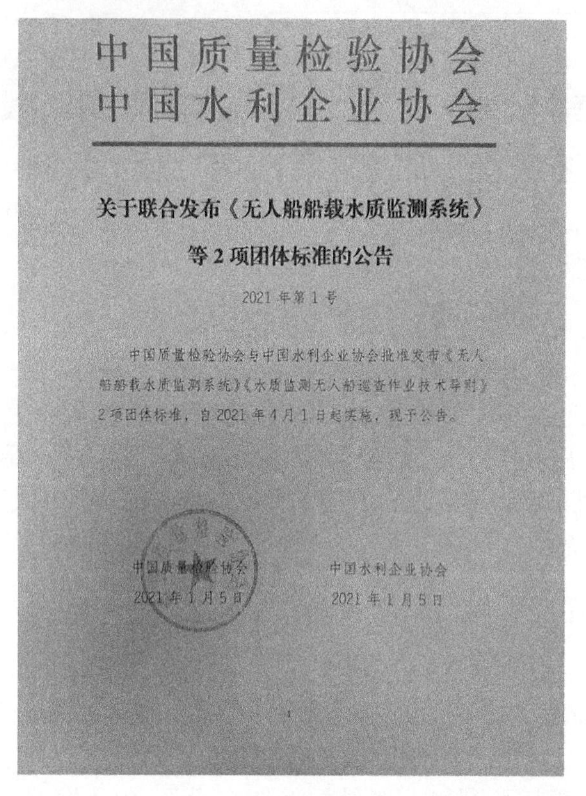

中国质量检验协会
中国水利企业协会

关于联合发布《无人船船载水质监测系统》等2项团体标准的公告

2021年第1号

中国质量检验协会与中国水利企业协会批准发布《无人船船载水质监测系统》《水质监测无人船巡查作业技术导则》2项团体标准，自2021年4月1日起实施，现予公告。

中国质量检验协会　　中国水利企业协会
2021年1月5日　　2021年1月5日

图 6-1 《无人船船载水质监测系统》与《水质监测无人船巡查作业技术指导》的发布通知

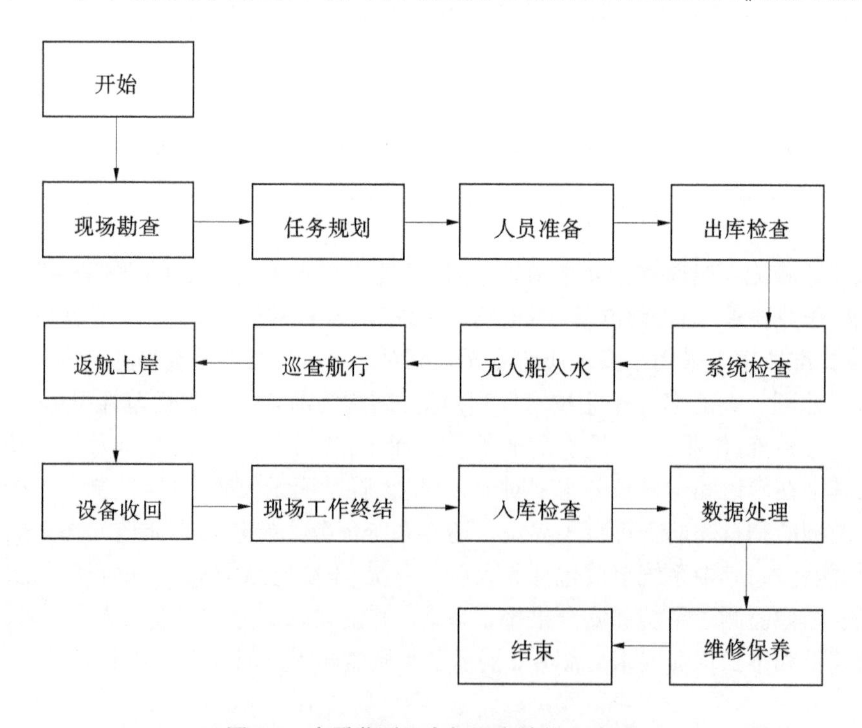

图 6-2 水质监测无人船巡查的作业流程

《水质监测无人船巡查作业技术导则》发布通知见图6-1,标准具体内容见附件3。

6.1.3 《光谱法水质在线监测系统技术导则》标准

《光谱法水质在线监测系统技术导则》标准规定光谱法水质在线监测系统建设、验收、运行和管理的技术要求。光谱法水质在线监测系统除应符合本标准的规定外,还应符合现行国家有关标准的规定。该标准适用于地表水、地下水、污水的光谱法水质在线监测,为预警提供数据依据。

《光谱法水质在线监测系统技术导则》标准结构为前言、范围、规范性引用文件、术语和定义、基本规定、总体要求、系统建设、系统验收和系统运行维护。在术语和定义部分,主要对光谱分析、原位式监测和光谱法水质在线监测系统进行了明确界定。总体要求部分,主要包括监测参数、基本功能和选址要求,其中监测参数包括化学需氧量、总有机碳、溶解有机碳、生化需氧量、硝酸盐氮、亚硝酸盐氮、浊度、溶解氧、色度、透明度、总悬浮物、叶绿素a、蓝绿藻、臭氧、石油类。

《光谱法水质在线监测系统技术导则》正式发布版见图6-3。

ICS 13.060
Z 10

团 体 标 准

T/CWEC 13—2019

光谱法水质在线监测系统
技术导则

Technical guidelines for spectral online water quality
monitoring system

2019-10-17 发布 2019-11-01 实施

中国水利企业协会 发布

图6-3 《光谱法水质在线监测系统技术导则》印刷版

6.1.4 《内陆水体水质监测系统 浮标式》标准

《内陆水体水质监测系统 浮标式》标准适用于内陆水体的浮标式水质在线监测,为水质预警提供数据依据。本标准规定了内陆水体浮标式水质监测系统的产品组成及要求、试验方法、系统建设、运行维护等方面的要求。

《内陆水体水质监测系统 浮标式》标准结构为前言、范围、规范性引用文件、术语和定义、系统组成及要求、试验方法、系统建设、运行维护。其中,在系统组成及要求部分,主要内容包括系统组成、系统技术要求、浮标子系统技术要求、水质监测子系统技术要求、岸站接收子系统技术要求和供电子系统技术要求。

《内陆水体水质监测系统 浮标式》标准发布见图 6-4,标准具体内容见附件 4。

中国质量检验协会

中国质量检验协会团体标准公告

2020 年第 92 号

中国质量检验协会批准发布 T/CAQI 167-2020 《区域水网水质水量联合调度平台技术导则》等 2 项团体标准,自 2021 年 3 月 31 日起实施,现予公告。

附件:标准名称及标准编号

中国质量检验协会

2020 年 12 月 29 日

1

图 6-4 《内陆水体水质监测系统 浮标式》发布

6.1.5 《无人机光谱遥感河湖库巡检技术导则》标准

《无人机光谱遥感河湖库巡检技术导则》标准规定了无人机光谱遥感河湖库巡检系统的组成、功能、巡检要求、巡检模式及内容、数据分析及整理、资料的整理及移交等内容。该标准适用于采用无人机光谱遥感对河湖库进行的巡检作业。

《无人机光谱遥感河湖库巡检技术导则》标准结构为前言、范围、规范性引用文件、术语和定义、系统组成及功能、巡检要求、巡检模式及内容、数据分析及整理和资料整理及移交。其中,数据分析及整理部分,主要内容包括水域边界线的界定、疑似污染源定位、富营养化水体分级、黑臭水体识别和分级以及水华识别和分级。

《无人机光谱遥感河湖库巡检技术导则》标准已经经过三次标准审查会，待进入发布阶段。

6.2　衍生产品研发

经过对基于无人水面船的水环境系统进行持续性的研发工作，研究针对水环境监测的需求，同步也衍生了一系列其他产品，作为本次研究产品的补充和扩展，具体如下所述。

6.2.1　一种多功能双体式水环境无人监测船

在基于无人水面船的水环境系统研发的基础上，本次研究发明了一种多功能双体式水环境无人监测船，属于监测船领域。包括第一船体、与第一船体连接的第二船体以及设置在第一船体与第二船体之间的中央搭载平台，第一船体和第二船体上均设有动力装置，中央搭载平台上分别设有水环境监测装置、与水环境监测装置连接的中央控制器以及与中央控制器连接的无线遥控装置，中央控制器上设有扩展接口；水环境监测装置包括水质实时监测设备、水下地形测量设备、水流速流量监测设备以及水下动植物监测设备，本实用新型操作简单，稳定性强，便于拆卸和携带，适用于绝大多数的河流与湖泊水体中，极大地提高了野外水环境监测的效率。一种多功能双体式水环境无人监测船专利授权书见图 6-5。

证书号第11202237号

实用新型专利证书

实用新型名称：一种多功能双体式水环境无人监测船

发　明　人：王世岩；邹家祥；刘晓波；王亮；刘畅；韩祯；杜彦良；李步东

专　利　号：ZL 2019 2 0959486.X

专利申请日：2019年06月24日

专 利 权 人：中国水利水电科学研究院

地　　　址：100038 北京市海淀区车公庄西路20号

授权公告日：2020年08月11日　　　授权公告号：CN 211223779 U

国家知识产权局依照中华人民共和国专利法经过初步审查，决定授予专利权，颁发实用新型专利证书并在专利登记簿上予以登记。专利权自授权公告之日起生效。专利权期限为十年，自申请日起算。

专利证书记载专利权登记时的法律状况。专利权的转移、质押、无效、终止、恢复和专利权人的姓名或名称、国籍、地址变更等事项记载在专利登记簿上。

局长
申长雨

国家知识产权局
2020年08月11日

第1页（共2页）

其他事项参见背面

图 6-5　一种多功能双体式水环境无人监测船专利授权书

6.2.2　一种用于监测浅水沼泽湿地水生态的无人监测船

在基于水面无人船的水环境系统研发的基础上，本次研究发明了一种用于监测浅水沼泽湿地水生态的无人监测船，包括船体、中央控制系统、动力及转向控制系统、卫星 GPS 导航模块、沼泽湿地植物高光谱监测系统、水生态环境监测系统、数据存储单元和供电系统，动力及转向控制系统通过航行控制器与中央控制系统通信连接，卫星 GPS 导航模块和数据存储单元通过串口总线与中央控制系统通信连接，沼泽湿地植物高光谱监测系统和水生态环境监测系统通过总线与中央控制系统通信连接，实现了浅水沼泽湿地水生态环境的灵活、快速、高效定速、定点、定线和无损害扰动的自动监测。一种用于监测浅水沼泽湿地水生态的无人监测船授权证书见图 6-6。

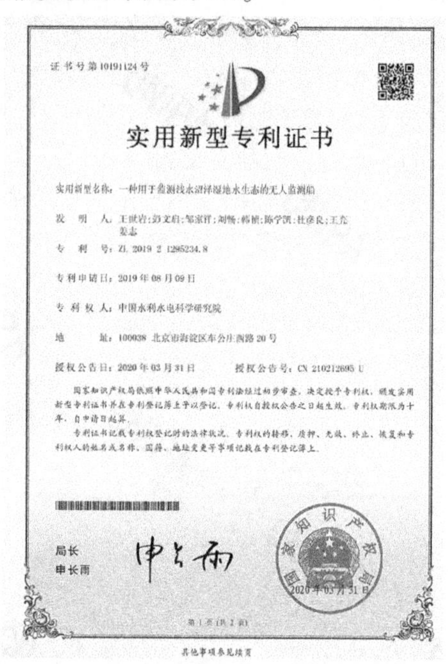
证书号第10191124号

实用新型专利证书

实用新型名称：一种用于监测浅水沼泽湿地水生态的无人监测船

发　明　人：王世岩;郭文启;邹家祥;刘畅;韩祯;陈学凯;杜彦良;王尤;姜志

专　利　号：ZL 2019 2 1285234.8

专利申请日：2019年08月09日

专 利 权 人：中国水利水电科学研究院

地　　　址：100038 北京市海淀区车公庄西路20号

授权公告日：2020年03月31日　　　授权公告号：CN 210212695 U

国家知识产权局依照中华人民共和国专利法经过初步审查，决定授予专利权，颁发实用新型专利证书并在专利登记簿上予以登记。专利权自授权公告之日起生效。专利权期限为十年，自申请日起算。

专利证书记载专利权登记时的法律状况。专利权的转移、质押、无效、终止、恢复和专利权人的姓名或名称、国籍、地址变更等事项记载在专利登记簿上。

局长
申长雨

2020年03月31日

第1页（共2页）

其他事项参见续页

图 6-6　一种用于监测浅水沼泽湿地水生态的无人监测船授权证书

6.2.3　一种多功能水生态监测无人船及监测方法

目前，用于水质监测的无人船中存在以下不足之处：①水质监测的功能较为单一，往往搭配只有某几项功能的水质监测功能传感器，监测只能得到某几项水质数据，无法做到水体的立体监测，无法绘制水体地貌图以及完成水体生物量的调查工作；②水质监测设备往往通过船体固定、绳拉等方式连接于无人船，岸边低水位起放时容易受到磨损，并且监测水质时，只能监测某一固定水深的水质，无法完成纵向立体监测任务；③水质采样过程往往采用多个固定采样管和采样瓶，可采样组数少，一次返航过程中无法完成多个采样点的水样采集工作；④无人船巡航自动化程度低，船体功能少，离水岸较远时难以精确控制操作，且恶劣条件下通信功能受影响数据容易丢失。

为了克服以上缺点，在基于无人水面船的水环境系统研发的基础上，本次研究发明了一种多功能水生态监测无人船。其优点如下：①具备水体生物、水体地貌监测调查的功能,本发明设置的3D高清水下声呐监测设备可以通过声呐反馈图,完成水体呈像记录功能,实现测绘水体地貌图工作以及中大型水生植物、动物生物量监测记录。②通过转盘设备实现了多组水样采集储存功能,无人船单次返航可采集多组水样,使得整体取样检测效率提高。③通过起吊设备控制水质水文检测设备的检测点高度和位置,实现了水体的立体化水质监测,可以根据实际水体状况调控监测点高度,有利于极端情况的监测工作。此外,声呐设备可以反馈船体虽在水体面到水体底的高度,利于控制起吊设备,固定圆筒也保证了检测设备起放过程的稳定和安全,避免了起吊过程的触底磨损。④巡航避障功能完善,监测自动化程度高,本发明专利通过上位机布置巡航和采样监测任务并即时反馈数据至上位机和终端设备,辅以遥控控制,同时数据会备份于船体的数据储存设备。良好地实现了实现远程控制、自动巡航、自动采样和数据备份处理等功能。该发明专利已受理,待进入实质审查阶段。

一种多功能水生态监测无人船及监测方法结构如图6-7所示。

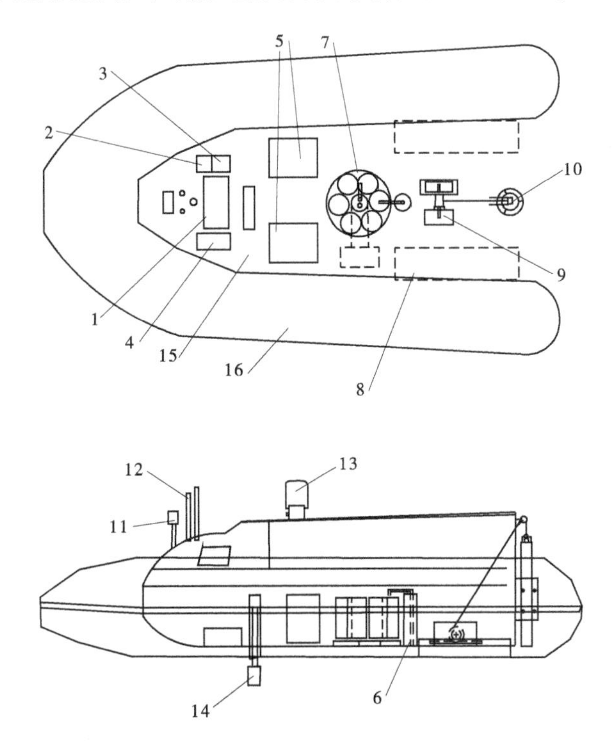

1—中央主控模板;2—GPS/BDS(北斗)定位模块;3—GSM/GPRS无线通信模块;4—数据储存设备;5—直流蓄电池;6—水样采集设备;7—底座转盘设备;8—电机动力设备;9—绞盘起吊设备;10—水文水质监测设备;11—超声波避障设备;12—传输天线;13—预警指示灯;14—3D高清水下声呐监测设备;15—密封船舱;16—漂浮气囊

图6-7　一种多功能水生态监测无人船及监测方法结构

6.2.4　一种便携式湖库表层流场实时监测装置

在基于无人水面船的水环境系统研发的基础上,本次研究发明了一种便携式湖库表层流场实时监测装置,包括一个漂浮桶,漂浮桶设置有通信定位模块、电池和固定式配重体,漂浮桶还设置有自动配重装置,自动配重装置包括一个开口向上的 U 形管、压力传感器、活动式配重体和带有自动启闭功能的连接件。在进行湖库表层流场实时监测时,由于受到湖库不同区域水深及流速的影响,漂浮桶由于浮力的变化可能会面临下沉的风险,造成不能有效地进行湖库表层流场的监测工作。本发明通过一种自动配重装置来自动调节漂浮桶的自身重力,使其保持在合理的漂浮水深。本发明的监测装置便于野外监测操作,成本相对较低,能够实时、准确的进行湖库表层流场的监测,其监测装置结构及授权证书如图 6-8、图 6-9 所示。

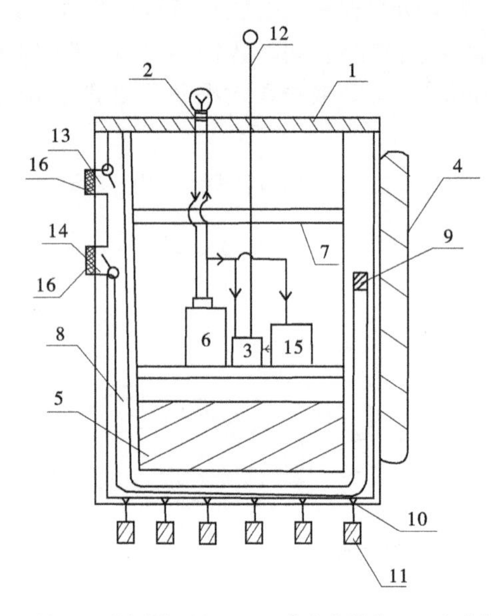

1—太阳能电池板;2—漂浮指示灯;3—通信定位模块;4—防冲撞缓冲装置;5—固定式配重体;6—直流蓄电池;7—隔水层;8—U 形管;9—压力传感器;10—带有自动启闭功能的连接件;11—活动式配重体;12—传输天线;13—进水口;14—出水口;15—数据存储器;16—过滤网

图 6-8　一种便携式湖库表层流场实时监测装置结构

6.2.5　一种便携式湖库垂向水温连续实时自动监测装置

在基于无人水面船的水环境系统研发的基础上,本次研究发明了一种便携式湖库垂向水温连续实时自动监测装置,本装置包括壳体,壳体内设置通信定位监测装置、电池、牵引传动装置和数据存储器,牵引传动装置连接一个穿过壳体底部垂直向下的牵引线,通过牵引传动装置来控制牵引线的上升或下降,牵引线的末端连接有水温传感器、水压传感器和配重体;壳体底部下端连接有向下延伸的固定锚。本装置实用新型,保证了垂向水温和水深的实时连续同步监测,通过水压传感器测量的压强来推算得到垂向水深,保证了传感器在垂向水温监测过程中的不同水深测量的精度。通过 GSM/GPRS+GPS 模块,远程控制和精准定位;通过牵引传动装置控制水温和水压传感器的上升或下降;实现了现场监测的实时性、连续化和自主化。

一种便携式湖库垂向水温连续实时自动监测装置结构及授权证书如图 6-10、图 6-11 所示。

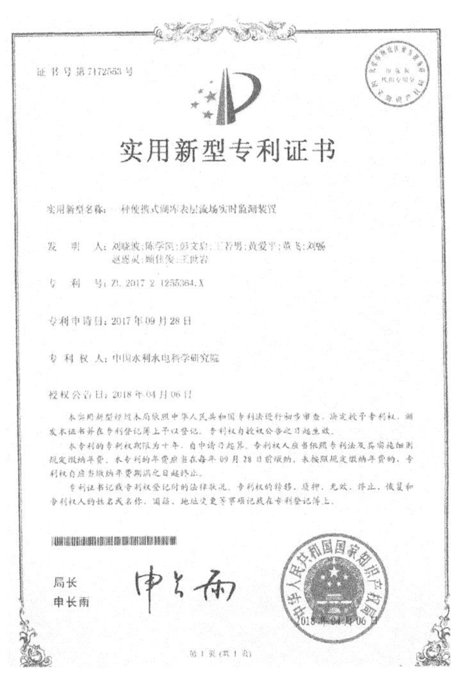
证书号第7172553号

实用新型专利证书

实用新型名称：一种便携式湖库表层流场实时监测装置

发 明 人：刘晓波;陈学凯;彭文启;王若男;黄爱平;黄飞;刘畅;赵思灵;顾佳俊;王世岩

专 利 号：ZL 2017 2 1255364.X

专利申请日：2017年09月28日

专 利 权 人：中国水利水电科学研究院

授权公告日：2018年04月06日

本实用新型经过本局依照中华人民共和国专利法进行初步审查，决定授予专利权，颁发本证书并在专利登记簿上予以登记。专利权自授权公告之日起生效。

本专利的专利权期限为十年，自申请日起算。专利权人应当依照专利法及其实施细则规定缴纳年费。本专利的年费应当在每年09月28日前缴纳。未按照规定缴纳年费的，专利权自应当缴纳年费期满之日起终止。

专利证书记载专利权登记时的法律状况。专利权的转移、质押、无效、终止、恢复和专利权人的姓名或名称、国籍、地址变更等事项记载在专利登记簿上。

局长
申长雨

中华人民共和国国家知识产权局
2018年04月06日

第1页(共1页)

图6-9 一种便携式湖库表层流场实时监测装置授权证书

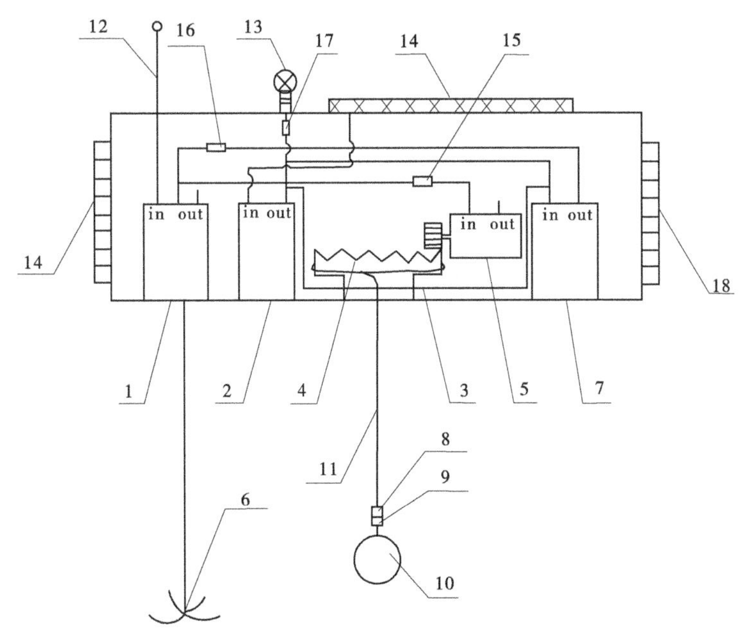

1—通信定位监测装置；2—电池；3—牵引转动装置；4—圆形齿轮转盘；5—电机；6—固定锚；7—数据存储器；8—水温传感器；9—水压传感器；10—配重体；11—牵引线；12—传输天线；13—漂浮指示灯；14—太阳能电池板；15—转速控制器；16—数据传输控制器；17—开关控制器；18—防冲撞缓冲装置

图6-10 一种便携式湖库垂向水温连续实时自动监测装置结构

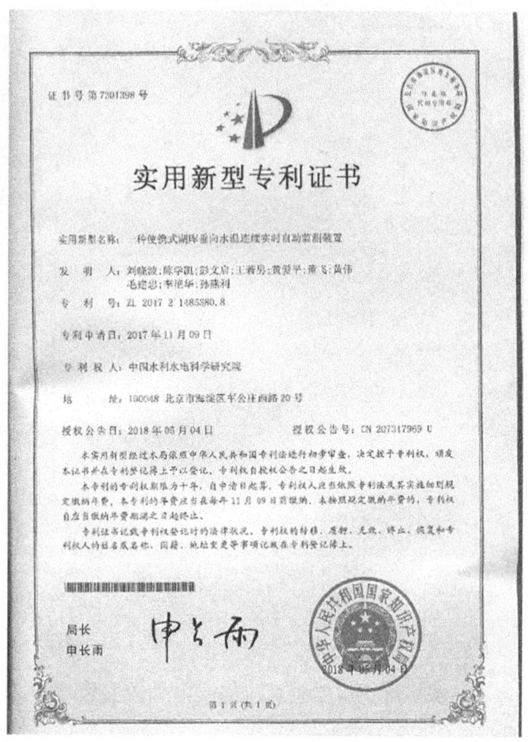

证书号第7301398号

实用新型专利证书

实用新型名称：一种便携式湖库垂向水温连续实时自动监测装置

发　明　人：刘晓波;陈学凯;彭文启;王若男;黄爱平;董飞;黄伟
毛建忠;李艳华;孙燕利

专　利　号：ZL 2017 2 1485380.8

专利申请日：2017年11月09日

专利权人：中国水利水电科学研究院

地　　址：100048 北京市海淀区车公庄西路20号

授权公告日：2018年05月04日　　授权公告号：CN 207317969 U

本实用新型经过本局依照中华人民共和国专利法进行初步审查，决定授予专利权，颁发本证书并在专利登记簿上予以登记。专利权自授权公告之日起生效。

本专利的专利权期限为十年，自申请日起算。专利权人应当依照专利法及其实施细则规定缴纳年费。本专利的年费应当在每年11月09日前缴纳。未按照规定缴纳年费的，专利权自应当缴纳年费期满之日起终止。

专利证书记载专利权登记时的法律状况。专利权的转移、质押、无效、终止、恢复和专利权人的姓名或名称、国籍、地址变更等事项记载在专利登记簿上。

局长
申长雨

中华人民共和国国家知识产权局
2018年05月04日

第1页(共1页)

图6-11　一种便携式湖库垂向水温连续实时自动监测装置授权证书

6.3　产品推介会

为进一步加强基于无人水面船的水环境监测系统的宣传力度，从2019年开始，本次研究将自主研发的水质智能监测无人船先后参展中国水博览会、绍兴市环保技术装备展览会、第二届中国水环境装备展览会、第十七届国际水利先进技术(产品)推介会，入选中国水利水电科学研究院(简称水科院)先进技术产品手册。

6.3.1　2019年中国水博览会

2019年，依托于基于无人水面船的水环境监测系统项目，中国水科院自主研发的水质智能监测无人船首次亮相于中国水博会，项目组成员向水利部总工程师刘伟平、中国水科院院长匡尚富介绍了水质智能监测无人船的基本情况，参展期间，产品得到了多家行业内单位的关注和咨询，并与通信定位、水质传感器相关的多家单位初步达成合作意向。

参展2019年中国水博览会及相关报道如图6-12、图6-13所示。

6.3.2　2020年中国水博览会

作为中国水科院的先进成果，自主研发的水质智能监测无人船继续在2020年参展中国水博览会，项目组成员向水利部总经济师程殿龙、中国水科院副院长王建华介绍了水质智能监测无人船的进一步研发工作，参展期间，产品得到了众多行业内单位的认可和好评。

图 6-12　参展 2019 年中国水博览会

中国水利水电科学研究院成就展惊艳亮相2019中国水博览会

发布时间：2019-11-06 来源：　【关闭】【打印】

12:43

中国水利水电科学研究院

水体污染智能追踪无人船由中国水科院水环境研究所自主研发，船体尺寸为1.2m×0.7m×0.6m，最大荷载量65kg，最大航速6m/s，可在风速小于8m/s、流速小于3m/s的水域连续工作4个小时。

图 6-13　网站与微信公众号报道

参展 2020 年中国水博览会情况及相关报道见图 6-14、图 6-15。

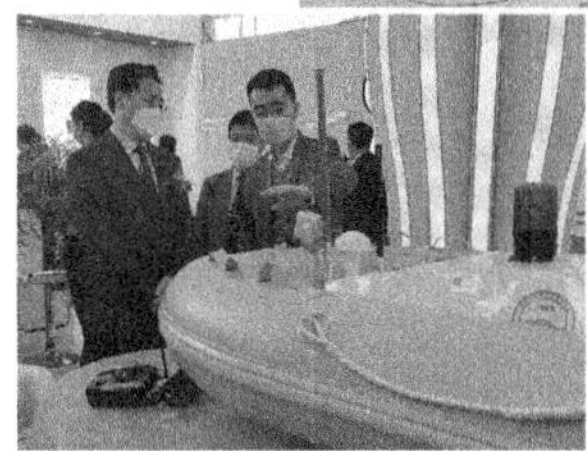

图 6-14　参展 2020 年中国水博览会

首页 >> IWHR要闻

中国水科院先进成果亮相2020中国水博览会暨第十五届中国国际水务高峰论坛

发布时间：2020-11-04 来源：科研计划处 【关闭】 【打印】

2020中国水博览会暨第十五届中国国际水务高峰论坛于10月28日在南京国际展览中心隆重开幕，水利部总经济师程殿龙，中国水利学会副理事长、中国工程院院士张建云，中国水利学会秘书长汤鑫华，中国水利工程协会会长孙继昌，我院副院长王建华等出席了开幕式。

为更好地展示相关科研领域及科研成果，我院积极组织各研究所、院属企业参展，精心征集梳理了20项创新成果和先进技术产品，通过图片、视频、宣传册等多种形式，全方位、多角度集中展示了我院总体发展情况以及组建62年来取得的重大科技成就，包括发展思路、发展目标、人才队伍优势、国际合作优势、代表性科技成果等。同时组织了多项实物成果参展，土石坝智能建造系统、整体式合页活动坝、渠道智能量控一体化闸门、水环境标准物质系列产品、水质智能监测无人船以及智能水表等多项技术产品集中亮相。这些先进成果可以为水利工程补短板、水利行业强监管，提升水治理体系和治理能力现代化提供有力支撑。我院72平米主题展厅流光溢彩，吸引了大量观众驻足参观和咨询交流。

展览期间，水利部总经济师程殿龙亲临我院展厅参观指导，听取了水质智能监测无人船介绍，对我院工作表示认可并提出了更高要求。

水利部总经济师程殿龙参观我院展厅

图 6-15　网站相关报道

6.3.3　2020 年绍兴市环保技术装备展览会

受绍兴市人民政府的邀请，中国水科院自主研发的水质智能监测无人船参展 2020 年由绍兴市人民政府主办的环保技术装备展览会，与环保行业内的众多技术装备同台竞技。此外，水质智能监测无人船得到了绍兴电视台的专门报道。

2020 年绍兴市环保技术装备展览会电视台报道及参展现场情况见图 6-16。

6.3.4　2020 年第二届中国水环境装备展览会

受中国质量检验协会水环境工程技术与装备专业委员会的邀请，中国水科院自主研发的水质智能监测无人船参展 2020 年第二届中国水环境装备展览会，向国内 30 余家无人船研发与销售的高校和企业展现了中国水科院自主研发的水质智能监测无人船，自制的宣传册也被“一扫而光”。

2020 年第二届中国水环境装备展览会现场情况如图 6-17 所示。

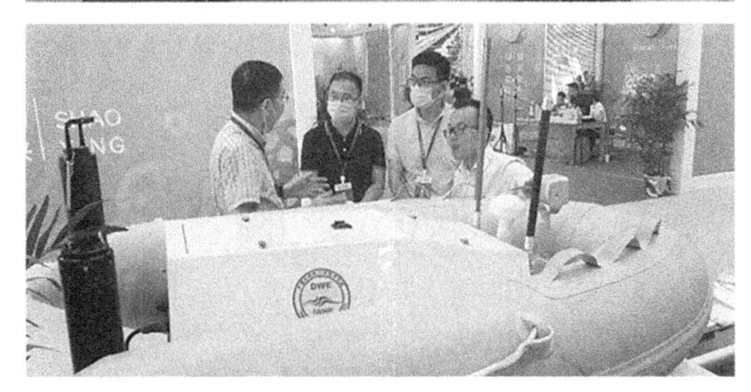

图 6-16　2020 年绍兴市环保技术装备展览会电视台报道及参展现场

图 6-17　2020 年第二届中国水环境装备展览会现场

6.3.5　2020 年第十七届国际水利先进技术(产品)推介会

2020 年,自主研发的水质智能监测无人船通过网络参展的方式参加了第十七届国际水利先进技术(产品)推介会。

第十七届国际水利先进技术(产品)推介会网站宣传如图 6-18 所示。

图 6-18　第十七届国际水利先进技术(产品)推介会网站宣传

6.4　小　结

本次研究通过多种方式进行基于无人水面船的水环境监测系统研发成果的推广和宣传工作,包括相关标准的编制和发布、衍生产品的研发和知识产权的申报以及参加多种形式的产品推介会,这极大地促进了中国水科院在无人船水环境监测应用行业的影响力。

第7章　结论与建议

经过持续性的研发工作,已基本完成了基于无人水面船的水环境监测系统研发中硬件和软件的设计和应用工作,主要成果如下:

(1)基于无人水面船的水环境监测系统采用“4+4”的模块化设计,由无人船船体、水样采集器、水质传感器、信号传输装置等4类硬件模块和船体自动操控系统、采样器控制系统、传感器控制系统和位于客户端(手机、Pad、电脑)的动态智能水环境监测系统等4类软件模块组成。

(2)基于无人水面船的水环境监测系统围绕河湖水生态环境的日常与应急监管需求,在实现自动采集水样、实时分析水质等功能的基础上,创新研发了国内外同类产品所不具备的河湖水体污染场智能化自动扫描、污染源自主追溯等特有功能。产品由中国水科院采用模块化思路自主设计和自主研发,产品集成度高、接口丰富、可扩展性强,在水质监测参数覆盖度及频率、特有功能的模块化设计和开发等方面处于领先水平,并可根据用户需求进行定制化生产。

(3)在硬件方面,本次研究自主设计了适用于无人水面船的水样自动采样装置,基于荧光产生及猝灭原理研发了适用于无人水面船的便携式多参数光学水质传感器。

(4)在软件方面,本次研究自主研发了适用于无人水面船的动态水环境监测系统V1.0,内嵌了自主研发的全局路径规划算法、局部路径规划算法、水体污染场快速扫描算法和污染源追踪监测算法。

(5)在上述硬件和软件的支持下,将自主研发的基于无人水面船的水环境监测系统开展了区域测试,检验了硬件和软件运行的稳定性和可靠性,并进行了硬件维护和软件完善工作。

(6)通过主编标准、衍生产品研发和参展产品推介会的方式向各个单位展现中国水科院自主研发的产品,极大地提升了中国水科院在无人水面船水环境监测领域的影响力。

为了打造第二代水质智能监测无人船,同时也为进一步拓展无人船市场,在下一步的研究工作中有如下规划:

(1)研发动态水环境监测系统V2.0,强化界面的友好性和可操作性,提升智能手机App的可操作性,完善船控底层控制代码的设计。

(2)研发可拆包式的水质智能监测无人船,完善水样采集与水质监测装置,研发可适用于多类型无人水面船的水样采集与水质监测装置,使其具有兼容性较强的通信、定位、电源接口,并作为独立的部分进行市场推广。

(3)优化现有的水质智能监测无人船路径规划算法,积极为水利和环保部门提供应用,在应用中不断完善功能。

(4)强化市场推销工作,寻找潜在客户,如水库管理部门、电厂管理部分等,以需求定产品,以服务推销售。

附　件

附件1　动态水环境监测系统 V1.0 关键代码行

```
namespace MainApp. View. Temp
{
    partial class FrmShowText
    {
        /// <summary>
        /// Required designer variable.
        /// </summary>
        private System. ComponentModel. IContainer components = null;

        /// <summary>
        /// Clean up any resources being used.
        /// </summary>
        /// <param name = " disposing" >true if managed resources should be disposed; otherwise, false. </param>
        protected override void Dispose( bool disposing)
        {
            if (disposing && (components ! = null))
            {
                components. Dispose( ) ;
            }
            base. Dispose( disposing) ;
        }

        #region Windows Form Designer generated code

        /// <summary>
        /// Required method for Designer support - do not modify
        /// the contents of this method with the code editor.
        /// </summary>
```

```
private void InitializeComponent( )
{
    this. txtContent = new System. Windows. Forms. RichTextBox( ) ;
    this. label1 = new System. Windows. Forms. Label( ) ;
    this. SuspendLayout( ) ;
    //
    // txtContent
    //
    this. txtContent. Location = new System. Drawing. Point(35, 138) ;
    this. txtContent. Margin = new System. Windows. Forms. Padding(4, 5, 4, 5) ;
    this. txtContent. Name = "txtContent" ;
    this. txtContent. Size = new System. Drawing. Size(872, 426) ;
    this. txtContent. TabIndex = 0;
    this. txtContent. Text = "" ;
    //
    // label1
    //
    this. label1. AutoSize = true;
    this. label1. Location = new System. Drawing. Point(31, 9) ;
    this. label1. Margin = new System. Windows. Forms. Padding(2, 0, 2, 0) ;
    this. label1. Name = "label1" ;
    this. label1. Size = new System. Drawing. Size(65, 20) ;
    this. label1. TabIndex = 1;
    this. label1. Text = "英特仿真" ;
    //
    // FrmShowText
    //
    this. AutoScaleDimensions = new System. Drawing. SizeF(8F, 20F) ;
    this. AutoScaleMode = System. Windows. Forms. AutoScaleMode. Font;
    this. ClientSize = new System. Drawing. Size(951, 916) ;
    this. Controls. Add(this. label1) ;
    this. Controls. Add(this. txtContent) ;
    this. Font = new System. Drawing. Font("微软雅黑", 10. 5F, System. Drawing.
FontStyle. Regular, System. Drawing. GraphicsUnit. Point, ((byte)(134))) ;
    this. Margin = new System. Windows. Forms. Padding(4, 5, 4, 5) ;
    this. Name = "FrmShowText" ;
    this. StartPosition = System. Windows. Forms. FormStartPosition. CenterParent;
    this. Text = "模板文件" ;
```

```
            this. Load += new System. EventHandler( this. FrmShowText_Load) ;
            this. ResumeLayout( false) ;
            this. PerformLayout( ) ;

        }

        #endregion

        private System. Windows. Forms. RichTextBox txtContent;
        private System. Windows. Forms. Label label1;
    }
}
namespace MainApp. View. UITask
{
    partial class DlgContTestLine
    {
        /// <summary>
        /// Required designer variable.
        /// </summary>
        private System. ComponentModel. IContainer components = null;

        /// <summary>
        /// Clean up any resources being used.
        /// </summary>
        /// <param name =" disposing" >true if managed resources should be disposed;
otherwise, false. </param>
        protected override void Dispose( bool disposing)
        {
            if (disposing && (components ! = null))
            {
                components. Dispose( ) ;
            }
            base. Dispose( disposing) ;
        }

        #region Windows Form Designer generated code

        /// <summary>
```

```
/// Required method for Designer support - do not modify
/// the contents of this method with the code editor.
/// </summary>
private void InitializeComponent( )
{
    System.Windows.Forms.DataVisualization.Charting.ChartArea chartArea1 = new System.Windows.Forms.DataVisualization.Charting.ChartArea( );
    System.Windows.Forms.DataVisualization.Charting.Legend legend1 = new System.Windows.Forms.DataVisualization.Charting.Legend( );
    System.Windows.Forms.DataVisualization.Charting.Series series1 = new System.Windows.Forms.DataVisualization.Charting.Series( );
    System.ComponentModel.ComponentResourceManager resources = new System.ComponentModel.ComponentResourceManager(typeof(DlgTaskStatLine));
    this.crtLine = new System.Windows.Forms.DataVisualization.Charting.Chart( );
    this.grpTask = new System.Windows.Forms.GroupBox( );
    this.cboParType = new System.Windows.Forms.ComboBox( );
    this.chkEndTime = new System.Windows.Forms.CheckBox( );
    this.chkStartTime = new System.Windows.Forms.CheckBox( );
    this.dtpEnd = new System.Windows.Forms.DateTimePicker( );
    this.dtpStart = new System.Windows.Forms.DateTimePicker( );
    this.lblParType = new System.Windows.Forms.Label( );
    this.txtTaskName = new System.Windows.Forms.TextBox( );
    this.lblTaskName = new System.Windows.Forms.Label( );
    this.btnQuery = new System.Windows.Forms.Button( );
    this.btnCancel = new System.Windows.Forms.Button( );
    ((System.ComponentModel.ISupportInitialize)(this.crtLine)).BeginInit( );
    this.grpTask.SuspendLayout( );
    this.SuspendLayout( );
    //
    // crtLine
    //
    this.crtLine.Anchor = ((System.Windows.Forms.AnchorStyles)((((System.Windows.Forms.AnchorStyles.Top | System.Windows.Forms.AnchorStyles.Bottom)
    | System.Windows.Forms.AnchorStyles.Left)
    | System.Windows.Forms.AnchorStyles.Right)));
    chartArea1.Name = "ChartArea1";
    this.crtLine.ChartAreas.Add(chartArea1);
```

```
legend1.Name = "Legend1";
this.crtLine.Legends.Add(legend1);
this.crtLine.Location = new System.Drawing.Point(12, 131);
this.crtLine.Name = "crtLine";
series1.ChartArea = "ChartArea1";
series1.Legend = "Legend1";
series1.Name = "Series1";
this.crtLine.Series.Add(series1);
this.crtLine.Size = new System.Drawing.Size(682, 342);
this.crtLine.TabIndex = 0;
this.crtLine.Text = "chart1";
//
// grpTask
//
this.grpTask.BackColor = System.Drawing.Color.White;
this.grpTask.Controls.Add(this.cboParType);
this.grpTask.Controls.Add(this.chkEndTime);
this.grpTask.Controls.Add(this.chkStartTime);
this.grpTask.Controls.Add(this.dtpEnd);
this.grpTask.Controls.Add(this.dtpStart);
this.grpTask.Controls.Add(this.lblParType);
this.grpTask.Controls.Add(this.txtTaskName);
this.grpTask.Controls.Add(this.lblTaskName);
this.grpTask.Location = new System.Drawing.Point(12, 12);
this.grpTask.Name = "grpTask";
this.grpTask.Size = new System.Drawing.Size(537, 113);
this.grpTask.TabIndex = 1;
this.grpTask.TabStop = false;
this.grpTask.Text = "任务信息";
//
// cboParType
//
this.cboParType.DropDownStyle = System.Windows.Forms.ComboBoxStyle.
DropDownList;
this.cboParType.FormattingEnabled = true;
this.cboParType.Location = new System.Drawing.Point(97, 71);
this.cboParType.Name = "cboParType";
this.cboParType.Size = new System.Drawing.Size(149, 20);
```

```
this.cboParType.TabIndex = 40;
//
// chkEndTime
//
this.chkEndTime.AutoSize = true;
this.chkEndTime.Checked = true;
this.chkEndTime.CheckState = System.Windows.Forms.CheckState.Checked;
this.chkEndTime.Location = new System.Drawing.Point(261, 71);
this.chkEndTime.Name = "chkEndTime";
this.chkEndTime.Size = new System.Drawing.Size(72, 16);
this.chkEndTime.TabIndex = 39;
this.chkEndTime.Text = "结束时间";
this.chkEndTime.UseVisualStyleBackColor = true;
this.chkEndTime.CheckedChanged += new System.EventHandler(this.
chkEndTime_CheckedChanged);
//
// chkStartTime
//
this.chkStartTime.AutoSize = true;
this.chkStartTime.Checked = true;
this.chkStartTime.CheckState = System.Windows.Forms.CheckState.Checked;
this.chkStartTime.Location = new System.Drawing.Point(261, 35);
this.chkStartTime.Name = "chkStartTime";
this.chkStartTime.Size = new System.Drawing.Size(72, 16);
this.chkStartTime.TabIndex = 38;
this.chkStartTime.Text = "开始时间";
this.chkStartTime.UseVisualStyleBackColor = true;
this.chkStartTime.CheckedChanged += new System.EventHandler(this.
chkStartTime_CheckedChanged);
//
// dtpEnd
//
this.dtpEnd.Location = new System.Drawing.Point(350, 68);
this.dtpEnd.Name = "dtpEnd";
this.dtpEnd.Size = new System.Drawing.Size(163, 21);
this.dtpEnd.TabIndex = 37;
//
// dtpStart
```

```
//
this. dtpStart. Location = new System. Drawing. Point(350, 32);
this. dtpStart. Name = "dtpStart";
this. dtpStart. Size = new System. Drawing. Size(163, 21);
this. dtpStart. TabIndex = 36;
//
// lblParType
//
this. lblParType. AutoSize = true;
this. lblParType. Location = new System. Drawing. Point(26, 74);
this. lblParType. Margin = new System. Windows. Forms. Padding(4, 0, 4, 0);
this. lblParType. Name = "lblParType";
this. lblParType. Size = new System. Drawing. Size(53, 12);
this. lblParType. TabIndex = 30;
this. lblParType. Text = "监测参数";
//
// txtTaskName
//
this. txtTaskName. BackColor = System. Drawing. Color. White;
this. txtTaskName. Location = new System. Drawing. Point(97, 32);
this. txtTaskName. Margin = new System. Windows. Forms. Padding(4);
this. txtTaskName. Name = "txtTaskName";
this. txtTaskName. ReadOnly = true;
this. txtTaskName. Size = new System. Drawing. Size(149, 21);
this. txtTaskName. TabIndex = 23;
//
// lblTaskName
//
this. lblTaskName. AutoSize = true;
this. lblTaskName. Location = new System. Drawing. Point(26, 35);
this. lblTaskName. Margin = new System. Windows. Forms. Padding(4, 0, 4, 0);
this. lblTaskName. Name = "lblTaskName";
this. lblTaskName. Size = new System. Drawing. Size(53, 12);
this. lblTaskName. TabIndex = 24;
this. lblTaskName. Text = "任务名称";
//
// btnQuery
//
```

```
this. btnQuery. Anchor = ((System. Windows. Forms. AnchorStyles) ((System.
Windows. Forms. AnchorStyles. Top | System. Windows. Forms. AnchorStyles. Right)));
this. btnQuery. BackColor = System. Drawing. Color. White;
this. btnQuery. BackgroundImage = ((System. Drawing. Image) (resources.
GetObject("btnQuery. BackgroundImage")));
this. btnQuery. ForeColor = System. Drawing. Color. White;
this. btnQuery. Location = new System. Drawing. Point(608, 29);
this. btnQuery. Margin = new System. Windows. Forms. Padding(4);
this. btnQuery. Name = "btnQuery";
this. btnQuery. Size = new System. Drawing. Size(75, 30);
this. btnQuery. TabIndex = 33;
this. btnQuery. Text = "查 询";
this. btnQuery. UseVisualStyleBackColor = false;
this. btnQuery. Click += new System. EventHandler(this. btnQuery_Click);
//
// btnCancel
//
this. btnCancel. Anchor = ((System. Windows. Forms. AnchorStyles) ((System.
Windows. Forms. AnchorStyles. Top | System. Windows. Forms. AnchorStyles. Right)));
this. btnCancel. BackColor = System. Drawing. Color. White;
this. btnCancel. BackgroundImage = ((System. Drawing. Image) (resources.
GetObject("btnCancel. BackgroundImage")));
this. btnCancel. DialogResult = System. Windows. Forms. DialogResult. Cancel;
this. btnCancel. ForeColor = System. Drawing. Color. White;
this. btnCancel. Location = new System. Drawing. Point(608, 78);
this. btnCancel. Margin = new System. Windows. Forms. Padding(4);
this. btnCancel. Name = "btnCancel";
this. btnCancel. Size = new System. Drawing. Size(75, 30);
this. btnCancel. TabIndex = 32;
this. btnCancel. Text = "返 回";
this. btnCancel. UseVisualStyleBackColor = false;
//
// DlgTaskStatLine
//
this. AutoScaleDimensions = new System. Drawing. SizeF(6F, 12F);
this. AutoScaleMode = System. Windows. Forms. AutoScaleMode. Font;
this. BackColor = System. Drawing. Color. White;
this. ClientSize = new System. Drawing. Size(706, 485);
```

```
            this. Controls. Add( this. btnQuery) ;
            this. Controls. Add( this. btnCancel) ;
            this. Controls. Add( this. grpTask) ;
            this. Controls. Add( this. crtLine) ;
            this. Icon = ( ( System. Drawing. Icon) ( resources. GetObject( " $ this. Icon" ) ) ) ;
            this. Name = " DlgTaskStatLine" ;
            this. StartPosition = System. Windows. Forms. FormStartPosition. CenterParent;
            this. Text = "单点变化折线图" ;
            this. Load += new System. EventHandler( this. DlgTaskStatLine_Load) ;
            ( ( System. ComponentModel. ISupportInitialize) ( this. crtLine) ) . EndInit( ) ;
            this. grpTask. ResumeLayout( false) ;
            this. grpTask. PerformLayout( ) ;
            this. ResumeLayout( false) ;

        }

        #endregion

        private System. Windows. Forms. DataVisualization. Charting. Chart crtLine;
        private System. Windows. Forms. GroupBox grpTask;
        private System. Windows. Forms. TextBox txtTaskName;
        private System. Windows. Forms. Label lblTaskName;
        private System. Windows. Forms. Label lblParType;
        private System. Windows. Forms. CheckBox chkEndTime;
        private System. Windows. Forms. CheckBox chkStartTime;
        private System. Windows. Forms. DateTimePicker dtpEnd;
        private System. Windows. Forms. DateTimePicker dtpStart;
        private System. Windows. Forms. ComboBox cboParType;
        private System. Windows. Forms. Button btnQuery;
        private System. Windows. Forms. Button btnCancel;
    }
}
namespace MainApp. View. UITask
{
    partial class DlgContTestLine
    {
        /// <summary>
        /// Required designer variable.
```

```
/// </summary>
private System.ComponentModel.IContainer components = null;

/// <summary>
/// Clean up any resources being used.
/// </summary>
/// <param name="disposing">true if managed resources should be disposed; otherwise, false.</param>
protected override void Dispose(bool disposing)
{
  if (disposing && (components != null))
  {
    components.Dispose();
  }
  base.Dispose(disposing);
}

#region Windows Form Designer generated code

/// <summary>
/// Required method for Designer support - do not modify
/// the contents of this method with the code editor.
/// </summary>
private void InitializeComponent()
{
System.Windows.Forms.DataVisualization.Charting.ChartArea chartArea1 = new System.Windows.Forms.DataVisualization.Charting.ChartArea();
System.Windows.Forms.DataVisualization.Charting.Legend legend1 = new System.Windows.Forms.DataVisualization.Charting.Legend();
System.Windows.Forms.DataVisualization.Charting.Series series1 = new System.Windows.Forms.DataVisualization.Charting.Series();
System.ComponentModel.ComponentResourceManager resources = new System.ComponentModel.ComponentResourceManager(typeof(DlgTaskStatLine));
    this.crtLine = new System.Windows.Forms.DataVisualization.Charting.Chart();
    this.grpTask = new System.Windows.Forms.GroupBox();
    this.cboParType = new System.Windows.Forms.ComboBox();
    this.chkEndTime = new System.Windows.Forms.CheckBox();
    this.chkStartTime = new System.Windows.Forms.CheckBox();
```

```
this. dtpEnd = new System. Windows. Forms. DateTimePicker( ) ;
this. dtpStart = new System. Windows. Forms. DateTimePicker( ) ;
this. lblParType = new System. Windows. Forms. Label( ) ;
this. txtTaskName = new System. Windows. Forms. TextBox( ) ;
this. lblTaskName = new System. Windows. Forms. Label( ) ;
this. btnQuery = new System. Windows. Forms. Button( ) ;
this. btnCancel = new System. Windows. Forms. Button( ) ;
( ( System. ComponentModel. ISupportInitialize) ( this. crtLine) ) . BeginInit( ) ;
this. grpTask. SuspendLayout( ) ;
this. SuspendLayout( ) ;
//
// crtLine
//
this. crtLine. Anchor = ( ( System. Windows. Forms. AnchorStyles) ( ( ( ( System.
Windows. Forms. AnchorStyles. Top | System. Windows. Forms. AnchorStyles. Bottom)
| System. Windows. Forms. AnchorStyles. Left)
| System. Windows. Forms. AnchorStyles. Right) ) ) ;
chartArea1. Name = "ChartArea1" ;
this. crtLine. ChartAreas. Add( chartArea1) ;
legend1. Name = "Legend1" ;
this. crtLine. Legends. Add( legend1) ;
this. crtLine. Location = new System. Drawing. Point( 12, 131) ;
this. crtLine. Name = "crtLine" ;
series1. ChartArea = "ChartArea1" ;
series1. Legend = "Legend1" ;
series1. Name = "Series1" ;
this. crtLine. Series. Add( series1) ;
this. crtLine. Size = new System. Drawing. Size( 682, 342) ;
this. crtLine. TabIndex = 0;
this. crtLine. Text = "chart1" ;
//
// grpTask
//
this. grpTask. BackColor = System. Drawing. Color. White;
this. grpTask. Controls. Add( this. cboParType) ;
this. grpTask. Controls. Add( this. chkEndTime) ;
this. grpTask. Controls. Add( this. chkStartTime) ;
this. grpTask. Controls. Add( this. dtpEnd) ;
```

```
this.grpTask.Controls.Add(this.dtpStart);
this.grpTask.Controls.Add(this.lblParType);
this.grpTask.Controls.Add(this.txtTaskName);
this.grpTask.Controls.Add(this.lblTaskName);
this.grpTask.Location = new System.Drawing.Point(12, 12);
this.grpTask.Name = "grpTask";
this.grpTask.Size = new System.Drawing.Size(537, 113);
this.grpTask.TabIndex = 1;
this.grpTask.TabStop = false;
this.grpTask.Text = "任务信息";
//
// cboParType
//
this.cboParType.DropDownStyle = System.Windows.Forms.ComboBoxStyle.DropDownList;
this.cboParType.FormattingEnabled = true;
this.cboParType.Location = new System.Drawing.Point(97, 71);
this.cboParType.Name = "cboParType";
this.cboParType.Size = new System.Drawing.Size(149, 20);
this.cboParType.TabIndex = 40;
//
// chkEndTime
//
this.chkEndTime.AutoSize = true;
this.chkEndTime.Checked = true;
this.chkEndTime.CheckState = System.Windows.Forms.CheckState.Checked;
this.chkEndTime.Location = new System.Drawing.Point(261, 71);
this.chkEndTime.Name = "chkEndTime";
this.chkEndTime.Size = new System.Drawing.Size(72, 16);
this.chkEndTime.TabIndex = 39;
this.chkEndTime.Text = "结束时间";
this.chkEndTime.UseVisualStyleBackColor = true;
this.chkEndTime.CheckedChanged += new System.EventHandler(this.chkEndTime_CheckedChanged);
//
// chkStartTime
//
this.chkStartTime.AutoSize = true;
```

```
this. chkStartTime. Checked = true;
this. chkStartTime. CheckState = System. Windows. Forms. CheckState. Checked;
this. chkStartTime. Location = new System. Drawing. Point(261, 35);
this. chkStartTime. Name = "chkStartTime";
this. chkStartTime. Size = new System. Drawing. Size(72, 16);
this. chkStartTime. TabIndex = 38;
this. chkStartTime. Text = "开始时间";
this. chkStartTime. UseVisualStyleBackColor = true;
this. chkStartTime. CheckedChanged + = new System. EventHandler ( this.
chkStartTime_CheckedChanged);
//
// dtpEnd
//
this. dtpEnd. Location = new System. Drawing. Point(350, 68);
this. dtpEnd. Name = "dtpEnd";
this. dtpEnd. Size = new System. Drawing. Size(163, 21);
this. dtpEnd. TabIndex = 37;
//
// dtpStart
//
this. dtpStart. Location = new System. Drawing. Point(350, 32);
this. dtpStart. Name = "dtpStart";
this. dtpStart. Size = new System. Drawing. Size(163, 21);
this. dtpStart. TabIndex = 36;
//
// lblParType
//
this. lblParType. AutoSize = true;
this. lblParType. Location = new System. Drawing. Point(26, 74);
this. lblParType. Margin = new System. Windows. Forms. Padding(4, 0, 4, 0);
this. lblParType. Name = "lblParType";
this. lblParType. Size = new System. Drawing. Size(53, 12);
this. lblParType. TabIndex = 30;
this. lblParType. Text = "监测参数";
//
// txtTaskName
//
this. txtTaskName. BackColor = System. Drawing. Color. White;
```

```
this.txtTaskName.Location = new System.Drawing.Point(97, 32);
this.txtTaskName.Margin = new System.Windows.Forms.Padding(4);
this.txtTaskName.Name = "txtTaskName";
this.txtTaskName.ReadOnly = true;
this.txtTaskName.Size = new System.Drawing.Size(149, 21);
this.txtTaskName.TabIndex = 23;
//
// lblTaskName
//
this.lblTaskName.AutoSize = true;
this.lblTaskName.Location = new System.Drawing.Point(26, 35);
this.lblTaskName.Margin = new System.Windows.Forms.Padding(4, 0, 4, 0);
this.lblTaskName.Name = "lblTaskName";
this.lblTaskName.Size = new System.Drawing.Size(53, 12);
this.lblTaskName.TabIndex = 24;
this.lblTaskName.Text = "任务名称";
//
// btnQuery
//
this.btnQuery.Anchor = ((System.Windows.Forms.AnchorStyles)((System.Windows.Forms.AnchorStyles.Top | System.Windows.Forms.AnchorStyles.Right)));
this.btnQuery.BackColor = System.Drawing.Color.White;
this.btnQuery.BackgroundImage = ((System.Drawing.Image)(resources.GetObject("btnQuery.BackgroundImage")));
this.btnQuery.ForeColor = System.Drawing.Color.White;
this.btnQuery.Location = new System.Drawing.Point(608, 29);
this.btnQuery.Margin = new System.Windows.Forms.Padding(4);
this.btnQuery.Name = "btnQuery";
this.btnQuery.Size = new System.Drawing.Size(75, 30);
this.btnQuery.TabIndex = 33;
this.btnQuery.Text = "查 询";
this.btnQuery.UseVisualStyleBackColor = false;
this.btnQuery.Click += new System.EventHandler(this.btnQuery_Click);
//
// btnCancel
//
this.btnCancel.Anchor = ((System.Windows.Forms.AnchorStyles)((System.Windows.Forms.AnchorStyles.Top | System.Windows.Forms.AnchorStyles.Right)));
```

```
            this. btnCancel. BackColor = System. Drawing. Color. White;
            this. btnCancel. BackgroundImage = ((System. Drawing. Image) (resources.
GetObject("btnCancel. BackgroundImage")));
            this. btnCancel. DialogResult = System. Windows. Forms. DialogResult. Cancel;
            this. btnCancel. ForeColor = System. Drawing. Color. White;
            this. btnCancel. Location = new System. Drawing. Point(608, 78);
            this. btnCancel. Margin = new System. Windows. Forms. Padding(4);
            this. btnCancel. Name = "btnCancel";
            this. btnCancel. Size = new System. Drawing. Size(75, 30);
            this. btnCancel. TabIndex = 32;
            this. btnCancel. Text = "返 回";
            this. btnCancel. UseVisualStyleBackColor = false;
            //
            // DlgTaskStatLine
            //
            this. AutoScaleDimensions = new System. Drawing. SizeF(6F, 12F);
            this. AutoScaleMode = System. Windows. Forms. AutoScaleMode. Font;
            this. BackColor = System. Drawing. Color. White;
            this. ClientSize = new System. Drawing. Size(706, 485);
            this. Controls. Add(this. btnQuery);
            this. Controls. Add(this. btnCancel);
            this. Controls. Add(this. grpTask);
            this. Controls. Add(this. crtLine);
            this. Icon = ((System. Drawing. Icon)(resources. GetObject("$this. Icon")));
            this. Name = "DlgTaskStatLine";
            this. StartPosition = System. Windows. Forms. FormStartPosition. CenterParent;
            this. Text = "单点变化折线图";
            this. Load += new System. EventHandler(this. DlgTaskStatLine_Load);
            ((System. ComponentModel. ISupportInitialize)(this. crtLine)). EndInit();
            this. grpTask. ResumeLayout(false);
            this. grpTask. PerformLayout();
            this. ResumeLayout(false);

        }

        #endregion

        private System. Windows. Forms. DataVisualization. Charting. Chart crtLine;
```

```
        private System.Windows.Forms.GroupBox grpTask;
        private System.Windows.Forms.TextBox txtTaskName;
        private System.Windows.Forms.Label lblTaskName;
        private System.Windows.Forms.Label lblParType;
        private System.Windows.Forms.CheckBox chkEndTime;
        private System.Windows.Forms.CheckBox chkStartTime;
        private System.Windows.Forms.DateTimePicker dtpEnd;
        private System.Windows.Forms.DateTimePicker dtpStart;
        private System.Windows.Forms.ComboBox cboParType;
        private System.Windows.Forms.Button btnQuery;
        private System.Windows.Forms.Button btnCancel;
    }
}
namespace MainApp.View.UIDevice
{
    partial class DlgDeviceInfo
    {
        /// <summary>
        /// Required designer variable.
        /// </summary>
        private System.ComponentModel.IContainer components = null;

        /// <summary>
        /// Clean up any resources being used.
        /// </summary>
        /// <param name=" disposing" >true if managed resources should be disposed; otherwise, false.</param>
        protected override void Dispose(bool disposing)
        {
            if (disposing && (components != null))
            {
                components.Dispose();
            }
            base.Dispose(disposing);
        }

        #region Windows Form Designer generated code
```

```
/// <summary>
/// Required method for Designer support - do not modify
/// the contents of this method with the code editor.
/// </summary>
private void InitializeComponent( )
{
  System. ComponentModel. ComponentResourceManager resources = new
System. ComponentModel. ComponentResourceManager( typeof( DlgDeviceInfo) ) ;
  this. btnOK = new System. Windows. Forms. Button( ) ;
  this. btnCancel = new System. Windows. Forms. Button( ) ;
  this. grpEdit = new System. Windows. Forms. GroupBox( ) ;
  this. txtConnStatus = new System. Windows. Forms. TextBox( ) ;
  this. txtLng = new System. Windows. Forms. TextBox( ) ;
  this. txtLat = new System. Windows. Forms. TextBox( ) ;
  this. lblLng = new System. Windows. Forms. Label( ) ;
  this. lblLat = new System. Windows. Forms. Label( ) ;
  this. lblNeedIMEI = new System. Windows. Forms. Label( ) ;
  this. lblIMEI = new System. Windows. Forms. Label( ) ;
  this. txtIMEI = new System. Windows. Forms. TextBox( ) ;
  this. txtBottleData = new System. Windows. Forms. TextBox( ) ;
  this. lblBottleData = new System. Windows. Forms. Label( ) ;
  this. lblBottle1Status = new System. Windows. Forms. Label( ) ;
  this. txtBottle1Status = new System. Windows. Forms. TextBox( ) ;
  this. txtBottle2Status = new System. Windows. Forms. TextBox( ) ;
  this. lblBottle2Status = new System. Windows. Forms. Label( ) ;
  this. txtShipSpeed = new System. Windows. Forms. TextBox( ) ;
  this. lblShipSpeed = new System. Windows. Forms. Label( ) ;
  this. lblConnStatus = new System. Windows. Forms. Label( ) ;
  this. lblNeedMobile = new System. Windows. Forms. Label( ) ;
  this. lblNeedDeviceNo = new System. Windows. Forms. Label( ) ;
  this. lblMobile = new System. Windows. Forms. Label( ) ;
  this. txtMobile = new System. Windows. Forms. TextBox( ) ;
  this. txtBattery = new System. Windows. Forms. TextBox( ) ;
  this. txtFirmVer = new System. Windows. Forms. TextBox( ) ;
  this. txtDetectDetail = new System. Windows. Forms. TextBox( ) ;
  this. txtDeviceNo = new System. Windows. Forms. TextBox( ) ;
  this. lblBattery = new System. Windows. Forms. Label( ) ;
  this. lblFirmVer = new System. Windows. Forms. Label( ) ;
```

```
this.lblDetectDetail = new System.Windows.Forms.Label();
this.lblDeviceNo = new System.Windows.Forms.Label();
this.grpEdit.SuspendLayout();
this.SuspendLayout();
//
// btnOK
//
this.btnOK.BackColor = System.Drawing.Color.White;
this.btnOK.BackgroundImage = ((System.Drawing.Image)(resources.GetObject("btnOK.BackgroundImage")));
this.btnOK.Font = new System.Drawing.Font("微软雅黑", 9F, System.Drawing.FontStyle.Regular, System.Drawing.GraphicsUnit.Point, ((byte)(134)));
this.btnOK.ForeColor = System.Drawing.Color.White;
this.btnOK.Location = new System.Drawing.Point(207, 209);
this.btnOK.Margin = new System.Windows.Forms.Padding(3, 4, 3, 4);
this.btnOK.Name = "btnOK";
this.btnOK.Size = new System.Drawing.Size(100, 30);
this.btnOK.TabIndex = 12;
this.btnOK.Text = "确 定";
this.btnOK.UseVisualStyleBackColor = false;
this.btnOK.Click += new System.EventHandler(this.btnOK_Click);
//
// btnCancel
//
this.btnCancel.BackColor = System.Drawing.Color.Transparent;
this.btnCancel.BackgroundImage = ((System.Drawing.Image)(resources.GetObject("btnCancel.BackgroundImage")));
this.btnCancel.DialogResult = System.Windows.Forms.DialogResult.Cancel;
this.btnCancel.Font = new System.Drawing.Font("微软雅黑", 9F, System.Drawing.FontStyle.Regular, System.Drawing.GraphicsUnit.Point, ((byte)(134)));
this.btnCancel.ForeColor = System.Drawing.Color.White;
this.btnCancel.Location = new System.Drawing.Point(522, 209);
this.btnCancel.Margin = new System.Windows.Forms.Padding(5, 6, 5, 6);
this.btnCancel.Name = "btnCancel";
this.btnCancel.Size = new System.Drawing.Size(100, 30);
this.btnCancel.TabIndex = 13;
this.btnCancel.Text = "返 回";
this.btnCancel.UseVisualStyleBackColor = false;
```

```
this.btnCancel.Click += new System.EventHandler(this.btnCancel_Click);
//
// grpEdit
//
this.grpEdit.Controls.Add(this.txtConnStatus);
this.grpEdit.Controls.Add(this.txtLng);
this.grpEdit.Controls.Add(this.txtLat);
this.grpEdit.Controls.Add(this.lblLng);
this.grpEdit.Controls.Add(this.lblLat);
this.grpEdit.Controls.Add(this.lblNeedIMEI);
this.grpEdit.Controls.Add(this.lblIMEI);
this.grpEdit.Controls.Add(this.txtIMEI);
this.grpEdit.Controls.Add(this.txtBottleData);
this.grpEdit.Controls.Add(this.lblBottleData);
this.grpEdit.Controls.Add(this.lblBottle1Status);
this.grpEdit.Controls.Add(this.txtBottle1Status);
this.grpEdit.Controls.Add(this.txtBottle2Status);
this.grpEdit.Controls.Add(this.lblBottle2Status);
this.grpEdit.Controls.Add(this.txtShipSpeed);
this.grpEdit.Controls.Add(this.lblShipSpeed);
this.grpEdit.Controls.Add(this.lblConnStatus);
this.grpEdit.Controls.Add(this.lblNeedMobile);
this.grpEdit.Controls.Add(this.lblNeedDeviceNo);
this.grpEdit.Controls.Add(this.lblMobile);
this.grpEdit.Controls.Add(this.txtMobile);
this.grpEdit.Controls.Add(this.txtBattery);
this.grpEdit.Controls.Add(this.txtFirmVer);
this.grpEdit.Controls.Add(this.txtDetectDetail);
this.grpEdit.Controls.Add(this.txtDeviceNo);
this.grpEdit.Controls.Add(this.lblBattery);
this.grpEdit.Controls.Add(this.lblFirmVer);
this.grpEdit.Controls.Add(this.lblDetectDetail);
this.grpEdit.Controls.Add(this.lblDeviceNo);
this.grpEdit.Location = new System.Drawing.Point(12, 3);
this.grpEdit.Name = "grpEdit";
this.grpEdit.Size = new System.Drawing.Size(804, 188);
this.grpEdit.TabIndex = 21;
this.grpEdit.TabStop = false;
```

```
//
// txtConnStatus
//
this.txtConnStatus.BackColor = System.Drawing.Color.White;
this.txtConnStatus.Location = new System.Drawing.Point(625, 82);
this.txtConnStatus.Margin = new System.Windows.Forms.Padding(3, 4, 3,
4);
this.txtConnStatus.Name = "txtConnStatus";
this.txtConnStatus.Size = new System.Drawing.Size(165, 23);
this.txtConnStatus.TabIndex = 63;
//
// txtLng
//
this.txtLng.BackColor = System.Drawing.Color.White;
this.txtLng.Location = new System.Drawing.Point(89, 84);
this.txtLng.Margin = new System.Windows.Forms.Padding(3, 4, 3, 4);
this.txtLng.Name = "txtLng";
this.txtLng.Size = new System.Drawing.Size(165, 23);
this.txtLng.TabIndex = 60;
//
// txtLat
//
this.txtLat.BackColor = System.Drawing.Color.White;
this.txtLat.Location = new System.Drawing.Point(355, 82);
this.txtLat.Margin = new System.Windows.Forms.Padding(3, 4, 3, 4);
this.txtLat.Name = "txtLat";
this.txtLat.Size = new System.Drawing.Size(165, 23);
this.txtLat.TabIndex = 59;
//
// lblLng
//
this.lblLng.AutoSize = true;
this.lblLng.Location = new System.Drawing.Point(48, 86);
this.lblLng.Name = "lblLng";
this.lblLng.Size = new System.Drawing.Size(32, 17);
this.lblLng.TabIndex = 62;
this.lblLng.Text = "经度";
//
```

```
// lblLat
//
this. lblLat. AutoSize = true;
this. lblLat. ForeColor = System. Drawing. SystemColors. ControlText;
this. lblLat. Location = new System. Drawing. Point(314, 86);
this. lblLat. Name = "lblLat";
this. lblLat. Size = new System. Drawing. Size(32, 17);
this. lblLat. TabIndex = 61;
this. lblLat. Text = "纬度";
//
// lblNeedIMEI
//
this. lblNeedIMEI. AutoSize = true;
this. lblNeedIMEI. ForeColor = System. Drawing. Color. Red;
this. lblNeedIMEI. Location = new System. Drawing. Point(542, 25);
this. lblNeedIMEI. Name = "lblNeedIMEI";
this. lblNeedIMEI. Size = new System. Drawing. Size(13, 17);
this. lblNeedIMEI. TabIndex = 58;
this. lblNeedIMEI. Text = " * ";
//
// lblIMEI
//
this. lblIMEI. AutoSize = true;
this. lblIMEI. Location = new System. Drawing. Point(561, 25);
this. lblIMEI. Name = "lblIMEI";
this. lblIMEI. Size = new System. Drawing. Size(56, 17);
this. lblIMEI. TabIndex = 57;
this. lblIMEI. Text = "手机串号";
//
// txtIMEI
//
this. txtIMEI. BackColor = System. Drawing. Color. White;
this. txtIMEI. Location = new System. Drawing. Point(623, 21);
this. txtIMEI. Margin = new System. Windows. Forms. Padding(3, 4, 3, 4);
this. txtIMEI. Name = "txtIMEI";
this. txtIMEI. Size = new System. Drawing. Size(175, 23);
this. txtIMEI. TabIndex = 56;
//
```

```
// txtBottleData
//
this.txtBottleData.BackColor = System.Drawing.Color.White;
this.txtBottleData.Location = new System.Drawing.Point(355, 144);
this.txtBottleData.Margin = new System.Windows.Forms.Padding(3, 4, 3, 4);
this.txtBottleData.Name = "txtBottleData";
this.txtBottleData.Size = new System.Drawing.Size(165, 23);
this.txtBottleData.TabIndex = 53;
//
// lblBottleData
//
this.lblBottleData.AutoSize = true;
this.lblBottleData.Location = new System.Drawing.Point(274, 147);
this.lblBottleData.Name = "lblBottleData";
this.lblBottleData.Size = new System.Drawing.Size(68, 17);
this.lblBottleData.TabIndex = 54;
this.lblBottleData.Text = "采样瓶数据";
//
// lblBottle1Status
//
this.lblBottle1Status.AutoSize = true;
this.lblBottle1Status.ForeColor = System.Drawing.Color.Black;
this.lblBottle1Status.Location = new System.Drawing.Point(537, 119);
this.lblBottle1Status.Name = "lblBottle1Status";
this.lblBottle1Status.Size = new System.Drawing.Size(75, 17);
this.lblBottle1Status.TabIndex = 51;
this.lblBottle1Status.Text = "采样瓶 1 余量";
//
// txtBottle1Status
//
this.txtBottle1Status.BackColor = System.Drawing.Color.White;
this.txtBottle1Status.Location = new System.Drawing.Point(625, 115);
this.txtBottle1Status.Margin = new System.Windows.Forms.Padding(3, 4, 3,
4);
this.txtBottle1Status.Name = "txtBottle1Status";
this.txtBottle1Status.Size = new System.Drawing.Size(165, 23);
this.txtBottle1Status.TabIndex = 50;
//
```

```
// txtBottle2Status
//
this. txtBottle2Status. BackColor = System. Drawing. Color. White;
this. txtBottle2Status. Location = new System. Drawing. Point(89, 144);
this. txtBottle2Status. Margin = new System. Windows. Forms. Padding(3, 4, 3,
4);
this. txtBottle2Status. Name = "txtBottle2Status";
this. txtBottle2Status. Size = new System. Drawing. Size(165, 23);
this. txtBottle2Status. TabIndex = 48;
//
// lblBottle2Status
//
this. lblBottle2Status. AutoSize = true;
this. lblBottle2Status. Location = new System. Drawing. Point(-1, 147);
this. lblBottle2Status. Name = "lblBottle2Status";
this. lblBottle2Status. Size = new System. Drawing. Size(75, 17);
this. lblBottle2Status. TabIndex = 49;
this. lblBottle2Status. Text = "采样瓶 2 余量";
//
// txtShipSpeed
//
this. txtShipSpeed. BackColor = System. Drawing. Color. White;
this. txtShipSpeed. Location = new System. Drawing. Point(355, 113);
this. txtShipSpeed. Margin = new System. Windows. Forms. Padding(3, 4, 3, 4);
this. txtShipSpeed. Name = "txtShipSpeed";
this. txtShipSpeed. Size = new System. Drawing. Size(165, 23);
this. txtShipSpeed. TabIndex = 46;
//
// lblShipSpeed
//
this. lblShipSpeed. AutoSize = true;
this. lblShipSpeed. Location = new System. Drawing. Point(314, 115);
this. lblShipSpeed. Name = "lblShipSpeed";
this. lblShipSpeed. Size = new System. Drawing. Size(32, 17);
this. lblShipSpeed. TabIndex = 47;
this. lblShipSpeed. Text = "船速";
//
// lblConnStatus
```

```
//
this. lblConnStatus. AutoSize = true;
this. lblConnStatus. Location = new System. Drawing. Point(554, 86);
this. lblConnStatus. Name = "lblConnStatus";
this. lblConnStatus. Size = new System. Drawing. Size(56, 17);
this. lblConnStatus. TabIndex = 44;
this. lblConnStatus. Text = "连接状态";
//
// lblNeedMobile
//
this. lblNeedMobile. AutoSize = true;
this. lblNeedMobile. ForeColor = System. Drawing. Color. Red;
this. lblNeedMobile. Location = new System. Drawing. Point(288, 25);
this. lblNeedMobile. Name = "lblNeedMobile";
this. lblNeedMobile. Size = new System. Drawing. Size(13, 17);
this. lblNeedMobile. TabIndex = 42;
this. lblNeedMobile. Text = " * ";
//
// lblNeedDeviceNo
//
this. lblNeedDeviceNo. AutoSize = true;
this. lblNeedDeviceNo. ForeColor = System. Drawing. Color. Red;
this. lblNeedDeviceNo. Location = new System. Drawing. Point(24, 25);
this. lblNeedDeviceNo. Name = "lblNeedDeviceNo";
this. lblNeedDeviceNo. Size = new System. Drawing. Size(13, 17);
this. lblNeedDeviceNo. TabIndex = 41;
this. lblNeedDeviceNo. Text = " * ";
//
// lblMobile
//
this. lblMobile. AutoSize = true;
this. lblMobile. Location = new System. Drawing. Point(302, 25);
this. lblMobile. Name = "lblMobile";
this. lblMobile. Size = new System. Drawing. Size(44, 17);
this. lblMobile. TabIndex = 40;
this. lblMobile. Text = "手机号";
//
// txtMobile
```

```
//
this.txtMobile.BackColor = System.Drawing.Color.White;
this.txtMobile.Location = new System.Drawing.Point(355, 21);
this.txtMobile.Margin = new System.Windows.Forms.Padding(3, 4, 3, 4);
this.txtMobile.Name = "txtMobile";
this.txtMobile.Size = new System.Drawing.Size(165, 23);
this.txtMobile.TabIndex = 2;
//
// txtBattery
//
this.txtBattery.BackColor = System.Drawing.Color.White;
this.txtBattery.Location = new System.Drawing.Point(89, 113);
this.txtBattery.Margin = new System.Windows.Forms.Padding(3, 4, 3, 4);
this.txtBattery.Name = "txtBattery";
this.txtBattery.Size = new System.Drawing.Size(165, 23);
this.txtBattery.TabIndex = 9;
//
// txtFirmVer
//
this.txtFirmVer.BackColor = System.Drawing.Color.White;
this.txtFirmVer.Location = new System.Drawing.Point(89, 52);
this.txtFirmVer.Margin = new System.Windows.Forms.Padding(3, 4, 3, 4);
this.txtFirmVer.Name = "txtFirmVer";
this.txtFirmVer.Size = new System.Drawing.Size(165, 23);
this.txtFirmVer.TabIndex = 8;
//
// txtDetectDetail
//
this.txtDetectDetail.BackColor = System.Drawing.Color.White;
this.txtDetectDetail.Location = new System.Drawing.Point(355, 51);
this.txtDetectDetail.Margin = new System.Windows.Forms.Padding(3, 4, 3, 4);
this.txtDetectDetail.Name = "txtDetectDetail";
this.txtDetectDetail.Size = new System.Drawing.Size(165, 23);
this.txtDetectDetail.TabIndex = 3;
//
// txtDeviceNo
//
this.txtDeviceNo.BackColor = System.Drawing.Color.White;
```

```
this. txtDeviceNo. Location = new System. Drawing. Point(89, 21);
this. txtDeviceNo. Margin = new System. Windows. Forms. Padding(3, 4, 3, 4);
this. txtDeviceNo. Name = "txtDeviceNo";
this. txtDeviceNo. Size = new System. Drawing. Size(165, 23);
this. txtDeviceNo. TabIndex = 1;
//
// lblBattery
//
this. lblBattery. AutoSize = true;
this. lblBattery. Location = new System. Drawing. Point(48, 118);
this. lblBattery. Name = "lblBattery";
this. lblBattery. Size = new System. Drawing. Size(32, 17);
this. lblBattery. TabIndex = 27;
this. lblBattery. Text = "电量";
//
// lblFirmVer
//
this. lblFirmVer. AutoSize = true;
this. lblFirmVer. Location = new System. Drawing. Point(27, 54);
this. lblFirmVer. Name = "lblFirmVer";
this. lblFirmVer. Size = new System. Drawing. Size(56, 17);
this. lblFirmVer. TabIndex = 26;
this. lblFirmVer. Text = "硬件版本";
//
// lblDetectDetail
//
this. lblDetectDetail. AutoSize = true;
this. lblDetectDetail. ForeColor = System. Drawing. SystemColors. ControlText;
this. lblDetectDetail. Location = new System. Drawing. Point(293, 54);
this. lblDetectDetail. Name = "lblDetectDetail";
this. lblDetectDetail. Size = new System. Drawing. Size(56, 17);
this. lblDetectDetail. TabIndex = 22;
this. lblDetectDetail. Text = "测量内容";
//
// lblDeviceNo
//
this. lblDeviceNo. AutoSize = true;
this. lblDeviceNo. Location = new System. Drawing. Point(39, 25);
```

```
            this. lblDeviceNo. Name = "lblDeviceNo";
            this. lblDeviceNo. Size = new System. Drawing. Size(44, 17);
            this. lblDeviceNo. TabIndex = 21;
            this. lblDeviceNo. Text = "设备号";
            //
            // DlgDeviceInfo
            //
            this. AutoScaleDimensions = new System. Drawing. SizeF(7F, 17F);
            this. AutoScaleMode = System. Windows. Forms. AutoScaleMode. Font;
            this. BackColor = System. Drawing. Color. White;
            this. CancelButton = this. btnCancel;
            this. ClientSize = new System. Drawing. Size(833, 255);
            this. Controls. Add(this. grpEdit);
            this. Controls. Add(this. btnCancel);
            this. Controls. Add(this. btnOK);
            this. Font = new System. Drawing. Font("微软雅黑", 9F, System. Drawing.
FontStyle. Regular, System. Drawing. GraphicsUnit. Point, ((byte)(134)));
            this. Icon = ((System. Drawing. Icon)(resources. GetObject("$ this. Icon")));
            this. Margin = new System. Windows. Forms. Padding(3, 4, 3, 4);
            this. MaximizeBox = false;
            this. MinimizeBox = false;
            this. Name = "DlgDeviceInfo";
            this. StartPosition = System. Windows. Forms. FormStartPosition. CenterParent;
            this. Text = "设备信息";
            this. Load += new System. EventHandler(this. DlgUserInfo_Load);
            this. grpEdit. ResumeLayout(false);
            this. grpEdit. PerformLayout();
            this. ResumeLayout(false);

        }

        #endregion

        private System. Windows. Forms. Button btnOK;
        private System. Windows. Forms. Button btnCancel;
        private System. Windows. Forms. GroupBox grpEdit;
        private System. Windows. Forms. TextBox txtBattery;
        private System. Windows. Forms. TextBox txtFirmVer;
```

```
        private System.Windows.Forms.TextBox txtDetectDetail;
        private System.Windows.Forms.TextBox txtDeviceNo;
        private System.Windows.Forms.Label lblBattery;
        private System.Windows.Forms.Label lblFirmVer;
        private System.Windows.Forms.Label lblDetectDetail;
        private System.Windows.Forms.Label lblDeviceNo;
        private System.Windows.Forms.Label lblMobile;
        private System.Windows.Forms.TextBox txtMobile;
        private System.Windows.Forms.Label lblNeedMobile;
        private System.Windows.Forms.Label lblNeedDeviceNo;
        private System.Windows.Forms.TextBox txtShipSpeed;
        private System.Windows.Forms.Label lblShipSpeed;
        private System.Windows.Forms.Label lblConnStatus;
        private System.Windows.Forms.TextBox txtBottleData;
        private System.Windows.Forms.Label lblBottleData;
        private System.Windows.Forms.Label lblBottle1Status;
        private System.Windows.Forms.TextBox txtBottle1Status;
        private System.Windows.Forms.TextBox txtBottle2Status;
        private System.Windows.Forms.Label lblBottle2Status;
        private System.Windows.Forms.Label lblNeedIMEI;
        private System.Windows.Forms.Label lblIMEI;
        private System.Windows.Forms.TextBox txtIMEI;
        private System.Windows.Forms.TextBox txtLng;
        private System.Windows.Forms.TextBox txtLat;
        private System.Windows.Forms.Label lblLng;
        private System.Windows.Forms.Label lblLat;
        private System.Windows.Forms.TextBox txtConnStatus;
    }
}
namespace MainApp.View.UIDevice
{
    partial class FrmContTest
    {
        /// <summary>
        /// Required designer variable.
        /// </summary>
        private System.ComponentModel.IContainer components = null;
```

```
/// <summary>
/// Clean up any resources being used.
/// </summary>
/// <param name = " disposing" >true if managed resources should be disposed;
otherwise, false. </param>
protected override void Dispose( bool disposing)
{
  if (disposing && (components ! = null))
  {
    components. Dispose( ) ;
  }
  base. Dispose( disposing) ;
}

#region Windows Form Designer generated code

/// <summary>
/// Required method for Designer support-do not modify
/// the contents of this method with the code editor.
/// </summary>
private void InitializeComponent( )
{
  this. components = new System. ComponentModel. Container( ) ;
   System. ComponentModel. ComponentResourceManager resources = new System.
ComponentModel. ComponentResourceManager( typeof( FrmContTest) ) ;
   System. Windows. Forms. DataVisualization. Charting. ChartArea chartArea2 =
new System. Windows. Forms. DataVisualization. Charting. ChartArea( ) ;
   System. Windows. Forms. DataVisualization. Charting. Legend legend2 = new
System. Windows. Forms. DataVisualization. Charting. Legend( ) ;
   System. Windows. Forms. DataVisualization. Charting. Series series2 = new
System. Windows. Forms. DataVisualization. Charting. Series( ) ;
  this. mv = new MainApp. View. UsrCtrl. MapView( ) ;
  this. btnStartTest = new System. Windows. Forms. Button( ) ;
  this. btnSkip = new System. Windows. Forms. Button( ) ;
  this. btnFigLine = new System. Windows. Forms. Button( ) ;
  this. btnStopTest = new System. Windows. Forms. Button( ) ;
  this. grpDeviceInfo = new System. Windows. Forms. GroupBox( ) ;
  this. cboDevice = new System. Windows. Forms. ComboBox( ) ;
```

```
this. cboGdm = new System. Windows. Forms. ComboBox( ) ;
this. lblShipSpeedUnit = new System. Windows. Forms. Label( ) ;
this. lblBatteryUnit = new System. Windows. Forms. Label( ) ;
this. tbLat = new System. Windows. Forms. TextBox( ) ;
this. lblLat = new System. Windows. Forms. Label( ) ;
this. tbLng = new System. Windows. Forms. TextBox( ) ;
this. lblLng = new System. Windows. Forms. Label( ) ;
this. tbShipSpeed = new System. Windows. Forms. TextBox( ) ;
this. lblBottle1Status = new System. Windows. Forms. Label( ) ;
this. lblDeviceNo = new System. Windows. Forms. Label( ) ;
this. tbBattery = new System. Windows. Forms. TextBox( ) ;
this. tbConnectStatus = new System. Windows. Forms. TextBox( ) ;
this. lblShipSpeed = new System. Windows. Forms. Label( ) ;
this. lblConnectStatus = new System. Windows. Forms. Label( ) ;
this. lblBattery = new System. Windows. Forms. Label( ) ;
this. btnTrace = new System. Windows. Forms. Button( ) ;
this. dgvTpExec = new System. Windows. Forms. DataGridView( ) ;
this. colOrder = new System. Windows. Forms. DataGridViewTextBoxColumn( ) ;
this. colLng = new System. Windows. Forms. DataGridViewTextBoxColumn( ) ;
this. colLat = new System. Windows. Forms. DataGridViewTextBoxColumn( ) ;
this. colStatus = new System. Windows. Forms. DataGridViewTextBoxColumn( ) ;
this. _ cmsDetail = new System. Windows. Forms. ContextMenuStrip ( this.
components) ;
this. cmiDelete = new System. Windows. Forms. ToolStripMenuItem( ) ;
this. cmiMoveUp = new System. Windows. Forms. ToolStripMenuItem( ) ;
this. cmiMoveDown = new System. Windows. Forms. ToolStripMenuItem( ) ;
this. crtLine = new System. Windows. Forms. DataVisualization. Charting. Chart
( ) ;
this. _ bsTpExec = new System. Windows. Forms. BindingSource ( this.
components) ;
this. grpDeviceInfo. SuspendLayout( ) ;
( ( System. ComponentModel. ISupportInitialize) ( this. dgvTpExec) ) . BeginInit( ) ;
this. _cmsDetail. SuspendLayout( ) ;
( ( System. ComponentModel. ISupportInitialize) ( this. crtLine) ) . BeginInit( ) ;
( ( System. ComponentModel. ISupportInitialize) ( this. _bsTpExec) ) . BeginInit( ) ;
this. SuspendLayout( ) ;
//
// mv
```

```
//
this.mv.BorderStyle = System.Windows.Forms.BorderStyle.FixedSingle;
this.mv.Location = new System.Drawing.Point(4, 1);
this.mv.Margin = new System.Windows.Forms.Padding(2, 1, 2, 1);
this.mv.Name = "mv";
this.mv.Size = new System.Drawing.Size(805, 416);
this.mv.TabIndex = 0;
//
// btnStartTest
//
this.btnStartTest.Anchor = ((System.Windows.Forms.AnchorStyles)((System.Windows.Forms.AnchorStyles.Top | System.Windows.Forms.AnchorStyles.Right)));
this.btnStartTest.BackColor = System.Drawing.Color.White;
this.btnStartTest.BackgroundImage = ((System.Drawing.Image)(resources.GetObject("btnStartTest.BackgroundImage")));
this.btnStartTest.ForeColor = System.Drawing.Color.White;
this.btnStartTest.Location = new System.Drawing.Point(1121, 25);
this.btnStartTest.Margin = new System.Windows.Forms.Padding(7, 12, 7, 12);
this.btnStartTest.Name = "btnStartTest";
this.btnStartTest.Size = new System.Drawing.Size(95, 48);
this.btnStartTest.TabIndex = 29;
this.btnStartTest.Text = "开始测试";
this.btnStartTest.UseVisualStyleBackColor = false;
this.btnStartTest.Click += new System.EventHandler(this.btnStartTest_Click);
//
// btnSkip
//
this.btnSkip.Anchor = ((System.Windows.Forms.AnchorStyles)((System.Windows.Forms.AnchorStyles.Top | System.Windows.Forms.AnchorStyles.Right)));
this.btnSkip.BackColor = System.Drawing.Color.White;
this.btnSkip.BackgroundImage = ((System.Drawing.Image)(resources.GetObject("btnSkip.BackgroundImage")));
this.btnSkip.ForeColor = System.Drawing.Color.White;
this.btnSkip.Location = new System.Drawing.Point(1121, 97);
this.btnSkip.Margin = new System.Windows.Forms.Padding(7, 12, 7, 12);
this.btnSkip.Name = "btnSkip";
this.btnSkip.Size = new System.Drawing.Size(95, 48);
```

```
this.btnSkip.TabIndex = 28;
this.btnSkip.Text = "跳 过";
this.btnSkip.UseVisualStyleBackColor = false;
this.btnSkip.Click += new System.EventHandler(this.btnSkip_Click);
//
// btnFigLine
//
this.btnFigLine.Anchor = ((System.Windows.Forms.AnchorStyles)((System.Windows.Forms.AnchorStyles.Top | System.Windows.Forms.AnchorStyles.Right)));
this.btnFigLine.BackColor = System.Drawing.Color.White;
this.btnFigLine.BackgroundImage = ((System.Drawing.Image)(resources.GetObject("btnFigLine.BackgroundImage")));
this.btnFigLine.ForeColor = System.Drawing.Color.White;
this.btnFigLine.Location = new System.Drawing.Point(1122, 169);
this.btnFigLine.Margin = new System.Windows.Forms.Padding(7, 12, 7, 12);
this.btnFigLine.Name = "btnFigLine";
this.btnFigLine.Size = new System.Drawing.Size(95, 48);
this.btnFigLine.TabIndex = 31;
this.btnFigLine.Text = "折线图";
this.btnFigLine.UseVisualStyleBackColor = false;
this.btnFigLine.Click += new System.EventHandler(this.btnFigLine_Click);
//
// btnStopTest
//
this.btnStopTest.Anchor = ((System.Windows.Forms.AnchorStyles)((System.Windows.Forms.AnchorStyles.Top | System.Windows.Forms.AnchorStyles.Right)));
this.btnStopTest.BackColor = System.Drawing.Color.White;
this.btnStopTest.BackgroundImage = ((System.Drawing.Image)(resources.GetObject("btnStopTest.BackgroundImage")));
this.btnStopTest.ForeColor = System.Drawing.Color.White;
this.btnStopTest.Location = new System.Drawing.Point(1121, 315);
this.btnStopTest.Margin = new System.Windows.Forms.Padding(7, 12, 7, 12);
this.btnStopTest.Name = "btnStopTest";
this.btnStopTest.Size = new System.Drawing.Size(95, 48);
this.btnStopTest.TabIndex = 30;
this.btnStopTest.Text = "结束测试";
this.btnStopTest.UseVisualStyleBackColor = false;
```

```
this.btnStopTest.Click += new System.EventHandler(this.btnStopTest_Click);
//
// grpDeviceInfo
//
this.grpDeviceInfo.Anchor = ((System.Windows.Forms.AnchorStyles)
((System.Windows.Forms.AnchorStyles.Top | System.Windows.Forms.AnchorStyles.
Right)));
this.grpDeviceInfo.Controls.Add(this.cboDevice);
this.grpDeviceInfo.Controls.Add(this.cboGdm);
this.grpDeviceInfo.Controls.Add(this.lblShipSpeedUnit);
this.grpDeviceInfo.Controls.Add(this.lblBatteryUnit);
this.grpDeviceInfo.Controls.Add(this.tbLat);
this.grpDeviceInfo.Controls.Add(this.lblLat);
this.grpDeviceInfo.Controls.Add(this.tbLng);
this.grpDeviceInfo.Controls.Add(this.lblLng);
this.grpDeviceInfo.Controls.Add(this.tbShipSpeed);
this.grpDeviceInfo.Controls.Add(this.lblBottle1Status);
this.grpDeviceInfo.Controls.Add(this.lblDeviceNo);
this.grpDeviceInfo.Controls.Add(this.tbBattery);
this.grpDeviceInfo.Controls.Add(this.tbConnectStatus);
this.grpDeviceInfo.Controls.Add(this.lblShipSpeed);
this.grpDeviceInfo.Controls.Add(this.lblConnectStatus);
this.grpDeviceInfo.Controls.Add(this.lblBattery);
this.grpDeviceInfo.Location = new System.Drawing.Point(815, 14);
this.grpDeviceInfo.Margin = new System.Windows.Forms.Padding(4, 5, 4,
5);
this.grpDeviceInfo.Name = "grpDeviceInfo";
this.grpDeviceInfo.Padding = new System.Windows.Forms.Padding(4, 5, 4,
5);
this.grpDeviceInfo.Size = new System.Drawing.Size(302, 403);
this.grpDeviceInfo.TabIndex = 32;
this.grpDeviceInfo.TabStop = false;
this.grpDeviceInfo.Text = "设备信息";
//
// cboDevice
//
this.cboDevice.DropDownStyle = System.Windows.Forms.ComboBoxStyle.Drop-
DownList;
```

```
this. cboDevice. FormattingEnabled = true;
this. cboDevice. Location = new System. Drawing. Point(100, 34);
this. cboDevice. Margin = new System. Windows. Forms. Padding(4, 5, 4, 5);
this. cboDevice. Name = "cboDevice";
this. cboDevice. Size = new System. Drawing. Size(149, 28);
this. cboDevice. TabIndex = 23;
this. cboDevice. SelectedIndexChanged + = new System. EventHandler ( this.
cboDevice_SelectedIndexChanged);
//
// cboGdm
//
this. cboGdm. DropDownStyle = System. Windows. Forms. ComboBoxStyle.
DropDownList;
this. cboGdm. FormattingEnabled = true;
this. cboGdm. Location = new System. Drawing. Point(100, 78);
this. cboGdm. Margin = new System. Windows. Forms. Padding(4, 5, 4, 5);
this. cboGdm. Name = "cboGdm";
this. cboGdm. Size = new System. Drawing. Size(149, 28);
this. cboGdm. TabIndex = 22;
this. cboGdm. SelectedIndexChanged + = new System. EventHandler
(this. cboGdm_SelectedIndexChanged);
//
// lblShipSpeedUnit
//
this. lblShipSpeedUnit. AutoSize = true;
this. lblShipSpeedUnit. Location = new System. Drawing. Point(259, 334);
this. lblShipSpeedUnit. Margin = new System. Windows. Forms. Padding(4, 0, 4, 0);
this. lblShipSpeedUnit. Name = "lblShipSpeedUnit";
this. lblShipSpeedUnit. Size = new System. Drawing. Size(34, 20);
this. lblShipSpeedUnit. TabIndex = 21;
this. lblShipSpeedUnit. Text = "m/s";
//
// lblBatteryUnit
//
this. lblBatteryUnit. AutoSize = true;
this. lblBatteryUnit. Location = new System. Drawing. Point(259, 286);
this. lblBatteryUnit. Margin = new System. Windows. Forms. Padding(4, 0, 4, 0);
this. lblBatteryUnit. Name = "lblBatteryUnit";
```

```
this. lblBatteryUnit. Size = new System. Drawing. Size(21, 20);
this. lblBatteryUnit. TabIndex = 18;
this. lblBatteryUnit. Text = "%";
//
// tbLat
//
this. tbLat. Location = new System. Drawing. Point(100, 181);
this. tbLat. Margin = new System. Windows. Forms. Padding(4, 5, 4, 5);
this. tbLat. Name = "tbLat";
this. tbLat. ReadOnly = true;
this. tbLat. Size = new System. Drawing. Size(149, 26);
this. tbLat. TabIndex = 17;
//
// lblLat
//
this. lblLat. AutoSize = true;
this. lblLat. Location = new System. Drawing. Point(39, 186);
this. lblLat. Margin = new System. Windows. Forms. Padding(5, 0, 5, 0);
this. lblLat. Name = "lblLat";
this. lblLat. Size = new System. Drawing. Size(37, 20);
this. lblLat. TabIndex = 16;
this. lblLat. Text = "纬度";
//
// tbLng
//
this. tbLng. Location = new System. Drawing. Point(100, 133);
this. tbLng. Margin = new System. Windows. Forms. Padding(4, 5, 4, 5);
this. tbLng. Name = "tbLng";
this. tbLng. ReadOnly = true;
this. tbLng. Size = new System. Drawing. Size(149, 26);
this. tbLng. TabIndex = 15;
//
// lblLng
//
this. lblLng. AutoSize = true;
this. lblLng. Location = new System. Drawing. Point(39, 138);
this. lblLng. Margin = new System. Windows. Forms. Padding(5, 0, 5, 0);
this. lblLng. Name = "lblLng";
```

```
this. lblLng. Size = new System. Drawing. Size(37, 20);
this. lblLng. TabIndex = 14;
this. lblLng. Text = "经度";
//
// tbShipSpeed
//
this. tbShipSpeed. Location = new System. Drawing. Point(100, 329);
this. tbShipSpeed. Margin = new System. Windows. Forms. Padding(4, 5, 4, 5);
this. tbShipSpeed. Name = "tbShipSpeed";
this. tbShipSpeed. ReadOnly = true;
this. tbShipSpeed. Size = new System. Drawing. Size(149, 26);
this. tbShipSpeed. TabIndex = 7;
//
// lblBottle1Status
//
this. lblBottle1Status. AutoSize = true;
this. lblBottle1Status. Location = new System. Drawing. Point(39, 83);
this. lblBottle1Status. Margin = new System. Windows. Forms. Padding(5, 0, 5, 0);
this. lblBottle1Status. Name = "lblBottle1Status";
this. lblBottle1Status. Size = new System. Drawing. Size(37, 20);
this. lblBottle1Status. TabIndex = 8;
this. lblBottle1Status. Text = "参数";
//
// lblDeviceNo
//
this. lblDeviceNo. AutoSize = true;
this. lblDeviceNo. Location = new System. Drawing. Point(27, 39);
this. lblDeviceNo. Margin = new System. Windows. Forms. Padding(5, 0, 5, 0);
this. lblDeviceNo. Name = "lblDeviceNo";
this. lblDeviceNo. Size = new System. Drawing. Size(51, 20);
this. lblDeviceNo. TabIndex = 0;
this. lblDeviceNo. Text = "设备号";
//
// tbBattery
//
this. tbBattery. Location = new System. Drawing. Point(100, 281);
this. tbBattery. Margin = new System. Windows. Forms. Padding(4, 5, 4, 5);
this. tbBattery. Name = "tbBattery";
```

```
this. tbBattery. ReadOnly = true;
this. tbBattery. Size = new System. Drawing. Size(149, 26);
this. tbBattery. TabIndex = 5;
//
// tbConnectStatus
//
this. tbConnectStatus. Location = new System. Drawing. Point(100, 229);
this. tbConnectStatus. Margin = new System. Windows. Forms. Padding(4, 5, 4,
5);
this. tbConnectStatus. Name = "tbConnectStatus";
this. tbConnectStatus. ReadOnly = true;
this. tbConnectStatus. Size = new System. Drawing. Size(149, 26);
this. tbConnectStatus. TabIndex = 3;
//
// lblShipSpeed
//
this. lblShipSpeed. AutoSize = true;
this. lblShipSpeed. Location = new System. Drawing. Point(39, 336);
this. lblShipSpeed. Margin = new System. Windows. Forms. Padding(5, 0, 5, 0);
this. lblShipSpeed. Name = "lblShipSpeed";
this. lblShipSpeed. Size = new System. Drawing. Size(37, 20);
this. lblShipSpeed. TabIndex = 6;
this. lblShipSpeed. Text = "船速";
//
// lblConnectStatus
//
this. lblConnectStatus. AutoSize = true;
this. lblConnectStatus. Location = new System. Drawing. Point(13, 234);
this. lblConnectStatus. Margin = new System. Windows. Forms. Padding(5, 0, 5,
0);
this. lblConnectStatus. Name = "lblConnectStatus";
this. lblConnectStatus. Size = new System. Drawing. Size(65, 20);
this. lblConnectStatus. TabIndex = 2;
this. lblConnectStatus. Text = "连接状态";
//
// lblBattery
//
this. lblBattery. AutoSize = true;
```

```
this. lblBattery. Location = new System. Drawing. Point(39, 288);
this. lblBattery. Margin = new System. Windows. Forms. Padding(5, 0, 5, 0);
this. lblBattery. Name = "lblBattery";
this. lblBattery. Size = new System. Drawing. Size(37, 20);
this. lblBattery. TabIndex = 4;
this. lblBattery. Text = "电量";
//
// btnTrace
//
this. btnTrace. Anchor = ((System. Windows. Forms. AnchorStyles) ((System.
Windows. Forms. AnchorStyles. Top | System. Windows. Forms. AnchorStyles. Right)));
this. btnTrace. BackColor = System. Drawing. Color. White;
this. btnTrace. BackgroundImage = ((System. Drawing. Image) (resources.
GetObject("btnTrace. BackgroundImage")));
this. btnTrace. Enabled = false;
this. btnTrace. ForeColor = System. Drawing. Color. White;
this. btnTrace. Location = new System. Drawing. Point(1122, 243);
this. btnTrace. Margin = new System. Windows. Forms. Padding(7, 12, 7, 12);
this. btnTrace. Name = "btnTrace";
this. btnTrace. Size = new System. Drawing. Size(95, 48);
this. btnTrace. TabIndex = 33;
this. btnTrace. Text = "溯 源";
this. btnTrace. UseVisualStyleBackColor = false;
this. btnTrace. Click += new System. EventHandler(this. btnTrace_Click);
//
// dgvTpExec
//
this. dgvTpExec. AllowUserToAddRows = false;
this. dgvTpExec. AllowUserToDeleteRows = false;
this. dgvTpExec. AllowUserToResizeRows = false;
this. dgvTpExec. ColumnHeadersHeightSizeMode =
System. Windows. Forms. DataGridViewColumnHeadersHeightSizeMode. AutoSize;
this. dgvTpExec. Columns. AddRange (new System. Windows. Forms.
DataGridViewColumn[] {
this. colOrder,
this. colLng,
this. colLat,
this. colStatus});
```

```
this. dgvTpExec. ContextMenuStrip = this. _cmsDetail;
this. dgvTpExec. Location = new System. Drawing. Point(825, 427);
this. dgvTpExec. Margin = new System. Windows. Forms. Padding(4, 5, 4, 5);
this. dgvTpExec. Name = "dgvTpExec";
this. dgvTpExec. ReadOnly = true;
this. dgvTpExec. RowHeadersVisible = false;
this. dgvTpExec. RowTemplate. Height = 23;
this. dgvTpExec. SelectionMode = System. Windows. Forms.
DataGridViewSelectionMode. FullRowSelect;
this. dgvTpExec. Size = new System. Drawing. Size(391, 211);
this. dgvTpExec. TabIndex = 34;
//
// colOrder
//
this. colOrder. DataPropertyName = "Order";
this. colOrder. HeaderText = "序号";
this. colOrder. Name = "colOrder";
this. colOrder. ReadOnly = true;
this. colOrder. Width = 60;
//
// colLng
//
this. colLng. DataPropertyName = "Lng";
this. colLng. HeaderText = "经度";
this. colLng. Name = "colLng";
this. colLng. ReadOnly = true;
this. colLng. Width = 110;
//
// colLat
//
this. colLat. DataPropertyName = "Lat";
this. colLat. HeaderText = "纬度";
this. colLat. Name = "colLat";
this. colLat. ReadOnly = true;
this. colLat. Width = 110;
//
// colStatus
//
```

```
this.colStatus.DataPropertyName = "StateStr";
this.colStatus.HeaderText = "状态";
this.colStatus.Name = "colStatus";
this.colStatus.ReadOnly = true;
this.colStatus.Width = 70;
//
// _cmsDetail
//
this._cmsDetail.Items.AddRange(new System.Windows.Forms.ToolStripItem[] {
this.cmiDelete,
this.cmiMoveUp,
this.cmiMoveDown});
this._cmsDetail.Name = "_cmsDetail";
this._cmsDetail.Size = new System.Drawing.Size(101, 70);
this._cmsDetail.Opening += new System.ComponentModel.CancelEventHandler
(this._cmsDetail_Opening);
//
// cmiDelete
//
this.cmiDelete.Name = "cmiDelete";
this.cmiDelete.Size = new System.Drawing.Size(100, 22);
this.cmiDelete.Text = "删除";
this.cmiDelete.Click += new System.EventHandler(this.cmiDelete_Click);
//
// cmiMoveUp
//
this.cmiMoveUp.Name = "cmiMoveUp";
this.cmiMoveUp.Size = new System.Drawing.Size(100, 22);
this.cmiMoveUp.Text = "上移";
this.cmiMoveUp.Click += new System.EventHandler(this.cmiMoveUp_Click);
//
// cmiMoveDown
//
this.cmiMoveDown.Name = "cmiMoveDown";
this.cmiMoveDown.Size = new System.Drawing.Size(100, 22);
this.cmiMoveDown.Text = "下移";
this.cmiMoveDown.Click += new System.EventHandler(this.cmiMoveDown_
Click);
```

```
//
// crtLine
//
chartArea2. Name = "ChartArea1";
this. crtLine. ChartAreas. Add(chartArea2);
legend2. Name = "Legend1";
this. crtLine. Legends. Add(legend2);
this. crtLine. Location = new System. Drawing. Point(7, 427);
this. crtLine. Margin = new System. Windows. Forms. Padding(4, 5, 4, 5);
this. crtLine. Name = "crtLine";
series2. ChartArea = "ChartArea1";
series2. Legend = "Legend1";
series2. Name = "Series1";
this. crtLine. Series. Add(series2);
this. crtLine. Size = new System. Drawing. Size(802, 211);
this. crtLine. TabIndex = 35;
this. crtLine. Text = "chart1";
//
// FrmContTest
//
this. AutoScaleDimensions = new System. Drawing. SizeF(8F, 20F);
this. AutoScaleMode = System. Windows. Forms. AutoScaleMode. Font;
this. ClientSize = new System. Drawing. Size(1228, 652);
this. Controls. Add(this. crtLine);
this. Controls. Add(this. dgvTpExec);
this. Controls. Add(this. btnTrace);
this. Controls. Add(this. grpDeviceInfo);
this. Controls. Add(this. btnFigLine);
this. Controls. Add(this. btnStopTest);
this. Controls. Add(this. btnStartTest);
this. Controls. Add(this. btnSkip);
this. Controls. Add(this. mv);
this. Font = new System. Drawing. Font("微软雅黑", 10. 5F, System. Drawing.
FontStyle. Regular, System. Drawing. GraphicsUnit. Point, ((byte)(134)));
this. Icon = ((System. Drawing. Icon)(resources. GetObject("$ this. Icon")));
this. Margin = new System. Windows. Forms. Padding(4, 5, 4, 5);
this. Name = "FrmContTest";
this. StartPosition = System. Windows. Forms. FormStartPosition. CenterParent;
```

```
            this. Text = "连续测试";
            this. FormClosing += new System. Windows. Forms. FormClosingEventHandler
(this. FrmContTest_FormClosing);
            this. FormClosed += new System. Windows. Forms. FormClosedEventHandler
(this. FrmContTest_FormClosed);
    namespace MainApp. View. UITask
    {
      partial class DlgTpExecInfo
      {
        /// <summary>
        /// Required designer variable.
        /// </summary>
        private System. ComponentModel. IContainer components = null;

        /// <summary>
        /// Clean up any resources being used.
        /// </summary>
        /// <param name = "disposing">true if managed resources should be disposed;
otherwise, false. </param>
        protected override void Dispose(bool disposing)
        {
          if (disposing && (components != null))
          {
            components. Dispose();
          }
          base. Dispose(disposing);
        }

        #region Windows Form Designer generated code

        /// <summary>
        /// Required method for Designer support-do not modify
        /// the contents of this method with the code editor.
        /// </summary>
        private void InitializeComponent()
        {
        System. ComponentModel. ComponentResourceManager resources = new
System. ComponentModel. ComponentResourceManager(typeof(DlgTpExecInfo));
```

```
this. btnOK = new System. Windows. Forms. Button( ) ;
this. grpTp = new System. Windows. Forms. GroupBox( ) ;
this. lblGdmVal = new System. Windows. Forms. Label( ) ;
this. txtGdmVal = new System. Windows. Forms. TextBox( ) ;
this. dgvSrc = new System. Windows. Forms. DataGridView( ) ;
this. colSrcNameEn = new System. Windows. Forms. DataGridViewTextBoxColumn
( ) ;
this. dgvDst = new System. Windows. Forms. DataGridView( ) ;
this. colDstNameEn = new System. Windows. Forms. DataGridViewTextBoxColumn
( ) ;
this. colDstValue = new System. Windows. Forms. DataGridViewTextBoxColumn
( ) ;
this. grpSample = new System. Windows. Forms. GroupBox( ) ;
this. cboBottleNo = new System. Windows. Forms. ComboBox( ) ;
this. lblBottleNo = new System. Windows. Forms. Label( ) ;
this. tbSampleDepth = new System. Windows. Forms. TextBox( ) ;
this. lblSampleDepth = new System. Windows. Forms. Label( ) ;
this. lblSampleVolume = new System. Windows. Forms. Label( ) ;
this. tbSampleVolume = new System. Windows. Forms. TextBox( ) ;
this. cbSample = new System. Windows. Forms. CheckBox( ) ;
this. cbMonitor = new System. Windows. Forms. CheckBox( ) ;
this. tbLat = new System. Windows. Forms. TextBox( ) ;
this. lblLat = new System. Windows. Forms. Label( ) ;
this. tbLng = new System. Windows. Forms. TextBox( ) ;
this. lblLng = new System. Windows. Forms. Label( ) ;
this. tbDescription = new System. Windows. Forms. TextBox( ) ;
this. lblDescription = new System. Windows. Forms. Label( ) ;
this. btnCancel = new System. Windows. Forms. Button( ) ;
this. mv = new MainApp. View. UsrCtrl. MapView( ) ;
this. grpTp. SuspendLayout( ) ;
( ( System. ComponentModel. ISupportInitialize) ( this. dgvSrc) ) . BeginInit( ) ;
( ( System. ComponentModel. ISupportInitialize) ( this. dgvDst) ) . BeginInit( ) ;
this. grpSample. SuspendLayout( ) ;
this. SuspendLayout( ) ;
//
// btnOK
//
this. btnOK. Anchor = ( ( System. Windows. Forms. AnchorStyles) ( ( System. Win-
```

```
dows.Forms.AnchorStyles.Bottom | System.Windows.Forms.AnchorStyles.Right)));
            this.btnOK.BackColor = System.Drawing.Color.White;
            this.btnOK.BackgroundImage = ((System.Drawing.Image)(resources.GetObject("btnOK.BackgroundImage")));
            this.btnOK.DialogResult = System.Windows.Forms.DialogResult.Cancel;
            this.btnOK.ForeColor = System.Drawing.Color.White;
            this.btnOK.Location = new System.Drawing.Point(745, 563);
            this.btnOK.Margin = new System.Windows.Forms.Padding(5, 7, 5, 7);
            this.btnOK.Name = "btnOK";
            this.btnOK.Size = new System.Drawing.Size(100, 30);
            this.btnOK.TabIndex = 27;
            this.btnOK.Text = "确 定";
            this.btnOK.UseVisualStyleBackColor = false;
            this.btnOK.Click += new System.EventHandler(this.btnOK_Click);
            //
            // grpTp
            //
            this.grpTp.Anchor = ((System.Windows.Forms.AnchorStyles)((System.Windows.Forms.AnchorStyles.Top | System.Windows.Forms.AnchorStyles.Right)));
            this.grpTp.Controls.Add(this.lblGdmVal);
            this.grpTp.Controls.Add(this.txtGdmVal);
            this.grpTp.Controls.Add(this.dgvSrc);
            this.grpTp.Controls.Add(this.dgvDst);
            this.grpTp.Controls.Add(this.grpSample);
            this.grpTp.Controls.Add(this.cbSample);
            this.grpTp.Controls.Add(this.cbMonitor);
            this.grpTp.Controls.Add(this.tbLat);
            this.grpTp.Controls.Add(this.lblLat);
            this.grpTp.Controls.Add(this.tbLng);
            this.grpTp.Controls.Add(this.lblLng);
            this.grpTp.Controls.Add(this.tbDescription);
            this.grpTp.Controls.Add(this.lblDescription);
            this.grpTp.Location = new System.Drawing.Point(688, 14);
            this.grpTp.Margin = new System.Windows.Forms.Padding(4, 5, 4, 5);
            this.grpTp.Name = "grpTp";
            this.grpTp.Padding = new System.Windows.Forms.Padding(4, 5, 4, 5);
            this.grpTp.Size = new System.Drawing.Size(334, 535);
            this.grpTp.TabIndex = 20;
```

```
this. grpTp. TabStop = false;
this. grpTp. Text = "任务点信息";
//
// lblGdmVal
//
this. lblGdmVal. AutoSize = true;
this. lblGdmVal. Location = new System. Drawing. Point(119, 390);
this. lblGdmVal. Margin = new System. Windows. Forms. Padding(4, 0, 4, 0);
this. lblGdmVal. Name = "lblGdmVal";
this. lblGdmVal. Size = new System. Drawing. Size(51, 20);
this. lblGdmVal. TabIndex = 18;
this. lblGdmVal. Text = "采集值";
//
// txtGdmVal
//
this. txtGdmVal. Location = new System. Drawing. Point(190, 387);
this. txtGdmVal. Margin = new System. Windows. Forms. Padding(4, 5, 4, 5);
this. txtGdmVal. Name = "txtGdmVal";
this. txtGdmVal. Size = new System. Drawing. Size(117, 26);
this. txtGdmVal. TabIndex = 17;
this. txtGdmVal. Text = "0";
//
// dgvSrc
//
this. dgvSrc. AllowUserToAddRows = false;
this. dgvSrc. AllowUserToDeleteRows = false;
this. dgvSrc. AllowUserToOrderColumns = true;
this. dgvSrc. AllowUserToResizeRows = false;
this. dgvSrc. ColumnHeadersHeightSizeMode =
System. Windows. Forms. DataGridViewColumnHeadersHeightSizeMode. AutoSize;
this. dgvSrc. Columns. AddRange ( new System. Windows. Forms.
DataGridViewColumn[] {
this. colSrcNameEn});
this. dgvSrc. Location = new System. Drawing. Point(28, 423);
this. dgvSrc. Margin = new System. Windows. Forms. Padding(4, 5, 4, 5);
this. dgvSrc. MultiSelect = false;
this. dgvSrc. Name = "dgvSrc";
this. dgvSrc. RowHeadersVisible = false;
```

```
this. dgvSrc. RowTemplate. Height = 23;
this. dgvSrc. Size = new System. Drawing. Size(117, 105);
this. dgvSrc. TabIndex = 16;
this. dgvSrc. CellDoubleClick += new System. Windows. Forms.
DataGridViewCellEventHandler(this. dgvSrc_CellDoubleClick);
//
// colSrcNameEn
//
this. colSrcNameEn. DataPropertyName = "NameEn";
this. colSrcNameEn. HeaderText = "英文名";
this. colSrcNameEn. Name = "colSrcNameEn";
this. colSrcNameEn. ReadOnly = true;
this. colSrcNameEn. Width = 85;
//
// dgvDst
//
this. dgvDst. AllowUserToAddRows = false;
this. dgvDst. AllowUserToDeleteRows = false;
this. dgvDst. AllowUserToOrderColumns = true;
this. dgvDst. AllowUserToResizeRows = false;
this. dgvDst. ColumnHeadersHeightSizeMode = System. Windows. Forms.
DataGridViewColumnHeadersHeightSizeMode. AutoSize;
this. dgvDst. Columns. AddRange (new System. Windows. Forms.
DataGridViewColumn[] {
this. colDstNameEn,
this. colDstValue});
this. dgvDst. Location = new System. Drawing. Point(155, 423);
this. dgvDst. Margin = new System. Windows. Forms. Padding(4, 5, 4, 5);
this. dgvDst. MultiSelect = false;
this. dgvDst. Name = "dgvDst";
this. dgvDst. RowHeadersVisible = false;
this. dgvDst. RowTemplate. Height = 23;
this. dgvDst. Size = new System. Drawing. Size(167, 105);
this. dgvDst. TabIndex = 15;
this. dgvDst. CellDoubleClick += new System. Windows. Forms.
DataGridViewCellEventHandler(this. dgvDst_CellDoubleClick);
this. dgvDst. DataError += new System. Windows. Forms. DataGridViewDataError-
EventHandler(this. dgvDst_DataError);
```

```
//
// colDstNameEn
//
this.colDstNameEn.DataPropertyName = "NameEn";
this.colDstNameEn.HeaderText = "英文名";
this.colDstNameEn.Name = "colDstNameEn";
this.colDstNameEn.ReadOnly = true;
this.colDstNameEn.Width = 80;
//
// colDstValue
//
this.colDstValue.DataPropertyName = "GatherValue";
this.colDstValue.HeaderText = "采集值";
this.colDstValue.Name = "colDstValue";
this.colDstValue.Width = 80;
//
// grpSample
//
this.grpSample.Controls.Add(this.cboBottleNo);
this.grpSample.Controls.Add(this.lblBottleNo);
this.grpSample.Controls.Add(this.tbSampleDepth);
this.grpSample.Controls.Add(this.lblSampleDepth);
this.grpSample.Controls.Add(this.lblSampleVolume);
this.grpSample.Controls.Add(this.tbSampleVolume);
this.grpSample.Location = new System.Drawing.Point(87, 250);
this.grpSample.Margin = new System.Windows.Forms.Padding(4, 5, 4, 5);
this.grpSample.Name = "grpSample";
this.grpSample.Padding = new System.Windows.Forms.Padding(4, 5, 4, 5);
this.grpSample.Size = new System.Drawing.Size(235, 127);
this.grpSample.TabIndex = 14;
this.grpSample.TabStop = false;
//
// cboBottleNo
//
this.cboBottleNo.DropDownStyle = System.Windows.Forms.ComboBoxStyle.
DropDownList;
this.cboBottleNo.FormattingEnabled = true;
this.cboBottleNo.Location = new System.Drawing.Point(103, 18);
```

```
this. cboBottleNo. Margin = new System. Windows. Forms. Padding(4, 5, 4, 5);
this. cboBottleNo. Name = "cboBottleNo";
this. cboBottleNo. Size = new System. Drawing. Size(117, 28);
this. cboBottleNo. TabIndex = 18;
//
// lblBottleNo
//
this. lblBottleNo. AutoSize = true;
this. lblBottleNo. Location = new System. Drawing. Point(18, 18);
this. lblBottleNo. Margin = new System. Windows. Forms. Padding(4, 0, 4, 0);
this. lblBottleNo. Name = "lblBottleNo";
this. lblBottleNo. Size = new System. Drawing. Size(65, 20);
this. lblBottleNo. TabIndex = 17;
this. lblBottleNo. Text = "采样瓶号";
//
// tbSampleDepth
//
this. tbSampleDepth. Location = new System. Drawing. Point(103, 56);
this. tbSampleDepth. Margin = new System. Windows. Forms. Padding(4, 5, 4, 5);
this. tbSampleDepth. Name = "tbSampleDepth";
this. tbSampleDepth. Size = new System. Drawing. Size(117, 26);
this. tbSampleDepth. TabIndex = 9;
//
// lblSampleDepth
//
this. lblSampleDepth. AutoSize = true;
this. lblSampleDepth. Location = new System. Drawing. Point(18, 56);
this. lblSampleDepth. Margin = new System. Windows. Forms. Padding(4, 0, 4, 0);
this. lblSampleDepth. Name = "lblSampleDepth";
this. lblSampleDepth. Size = new System. Drawing. Size(65, 20);
this. lblSampleDepth. TabIndex = 8;
this. lblSampleDepth. Text = "采样深度";
//
// lblSampleVolume
//
this. lblSampleVolume. AutoSize = true;
this. lblSampleVolume. Location = new System. Drawing. Point(32, 92);
this. lblSampleVolume. Margin = new System. Windows. Forms. Padding(4, 0, 4, 0);
```

```
this. lblSampleVolume. Name = "lblSampleVolume";
this. lblSampleVolume. Size = new System. Drawing. Size(51, 20);
this. lblSampleVolume. TabIndex = 10;
this. lblSampleVolume. Text = "采样量";
//
// tbSampleVolume
//
this. tbSampleVolume. Location = new System. Drawing. Point(103, 92);
this. tbSampleVolume. Margin = new System. Windows. Forms. Padding(4, 5, 4, 5);
this. tbSampleVolume. Name = "tbSampleVolume";
this. tbSampleVolume. Size = new System. Drawing. Size(117, 26);
this. tbSampleVolume. TabIndex = 11;
//
// cbSample
//
this. cbSample. AutoSize = true;
this. cbSample. Location = new System. Drawing. Point(87, 225);
this. cbSample. Margin = new System. Windows. Forms. Padding(4, 5, 4, 5);
this. cbSample. Name = "cbSample";
this. cbSample. Size = new System. Drawing. Size(70, 24);
this. cbSample. TabIndex = 13;
this. cbSample. Text = "采样点";
this. cbSample. UseVisualStyleBackColor = true;
this. cbSample. CheckedChanged += new System. EventHandler(this. cbSample_
CheckedChanged);
//
// cbMonitor
//
this. cbMonitor. AutoSize = true;
this. cbMonitor. Location = new System. Drawing. Point(8, 225);
this. cbMonitor. Margin = new System. Windows. Forms. Padding(4, 5, 4, 5);
this. cbMonitor. Name = "cbMonitor";
this. cbMonitor. Size = new System. Drawing. Size(70, 24);
this. cbMonitor. TabIndex = 12;
this. cbMonitor. Text = "监测点";
this. cbMonitor. UseVisualStyleBackColor = true;
//
// tbLat
```

```
//
this.tbLat.Location = new System.Drawing.Point(87, 63);
this.tbLat.Margin = new System.Windows.Forms.Padding(4, 5, 4, 5);
this.tbLat.Name = "tbLat";
this.tbLat.Size = new System.Drawing.Size(233, 26);
this.tbLat.TabIndex = 7;
//
// lblLat
//
this.lblLat.AutoSize = true;
this.lblLat.Location = new System.Drawing.Point(32, 66);
this.lblLat.Margin = new System.Windows.Forms.Padding(4, 0, 4, 0);
this.lblLat.Name = "lblLat";
this.lblLat.Size = new System.Drawing.Size(37, 20);
this.lblLat.TabIndex = 6;
this.lblLat.Text = "纬度";
//
// tbLng
//
this.tbLng.Location = new System.Drawing.Point(87, 27);
this.tbLng.Margin = new System.Windows.Forms.Padding(4, 5, 4, 5);
this.tbLng.Name = "tbLng";
this.tbLng.Size = new System.Drawing.Size(233, 26);
this.tbLng.TabIndex = 5;
//
// lblLng
//
this.lblLng.AutoSize = true;
this.lblLng.Location = new System.Drawing.Point(32, 30);
this.lblLng.Margin = new System.Windows.Forms.Padding(4, 0, 4, 0);
this.lblLng.Name = "lblLng";
this.lblLng.Size = new System.Drawing.Size(37, 20);
this.lblLng.TabIndex = 4;
this.lblLng.Text = "经度";
//
// tbDescription
//
this.tbDescription.Location = new System.Drawing.Point(87, 99);
```

```
this. tbDescription. Margin = new System. Windows. Forms. Padding(4, 5, 4, 5);
this. tbDescription. Multiline = true;
this. tbDescription. Name = "tbDescription";
this. tbDescription. Size = new System. Drawing. Size(233, 116);
this. tbDescription. TabIndex = 3;
//
// lblDescription
//
this. lblDescription. AutoSize = true;
this. lblDescription. Location = new System. Drawing. Point(4, 102);
this. lblDescription. Margin = new System. Windows. Forms. Padding(4, 0, 4, 0);
this. lblDescription. Name = "lblDescription";
this. lblDescription. Size = new System. Drawing. Size(65, 20);
this. lblDescription. TabIndex = 2;
this. lblDescription. Text = "描述信息";
//
// btnCancel
//
this. btnCancel. Anchor = ((System. Windows. Forms. AnchorStyles)((System.
Windows. Forms. AnchorStyles. Bottom | System. Windows. Forms. AnchorStyles. Right)));
this. btnCancel. BackColor = System. Drawing. Color. White;
this. btnCancel. BackgroundImage = ((System. Drawing. Image)(resources.
GetObject("btnCancel. BackgroundImage")));
this. btnCancel. DialogResult = System. Windows. Forms. DialogResult. Cancel;
this. btnCancel. ForeColor = System. Drawing. Color. White;
this. btnCancel. Location = new System. Drawing. Point(883, 563);
this. btnCancel. Margin = new System. Windows. Forms. Padding(5, 7, 5, 7);
this. btnCancel. Name = "btnCancel";
this. btnCancel. Size = new System. Drawing. Size(100, 30);
this. btnCancel. TabIndex = 15;
this. btnCancel. Text = "返 回";
this. btnCancel. UseVisualStyleBackColor = false;
//
// mv
//
this. mv. Location = new System. Drawing. Point(16, 14);
this. mv. Margin = new System. Windows. Forms. Padding(4, 5, 4, 5);
this. mv. Name = "mv";
```

```
            this.mv.Size = new System.Drawing.Size(659, 579);
            this.mv.TabIndex = 21;
            this.mv.MapLoaded += new MapLoadedHandler(this.mv_MapLoaded);
            //
            // DlgTpExecInfo
            //
            this.AutoScaleDimensions = new System.Drawing.SizeF(8F, 20F);
            this.AutoScaleMode = System.Windows.Forms.AutoScaleMode.Font;
            this.ClientSize = new System.Drawing.Size(1035, 609);
            this.Controls.Add(this.btnOK);
            this.Controls.Add(this.mv);
            this.Controls.Add(this.grpTp);
            this.Controls.Add(this.btnCancel);
            this.Font = new System.Drawing.Font("微软雅黑", 10.5F, System.Drawing.
FontStyle.Regular, System.Drawing.GraphicsUnit.Point, ((byte)(134)));
            this.Icon = ((System.Drawing.Icon)(resources.GetObject("$this.Icon")));
            this.Margin = new System.Windows.Forms.Padding(4, 5, 4, 5);
            this.Name = "DlgTpExecInfo";
            this.StartPosition = System.Windows.Forms.FormStartPosition.CenterScreen;
            this.Text = "任务点执行信息";
            this.Load += new System.EventHandler(this.DlgTpInfo_Load);
            this.grpTp.ResumeLayout(false);
            this.grpTp.PerformLayout();
            ((System.ComponentModel.ISupportInitialize)(this.dgvSrc)).EndInit();
            ((System.ComponentModel.ISupportInitialize)(this.dgvDst)).EndInit();
            this.grpSample.ResumeLayout(false);
            this.grpSample.PerformLayout();
            this.ResumeLayout(false);

        }

        #endregion

        private System.Windows.Forms.Button btnCancel;
        private UsrCtrl.MapView mv;
        private System.Windows.Forms.GroupBox grpTp;
        private System.Windows.Forms.GroupBox grpSample;
        private System.Windows.Forms.TextBox tbSampleDepth;
```

```
        private System.Windows.Forms.Label lblSampleDepth;
        private System.Windows.Forms.Label lblSampleVolume;
        private System.Windows.Forms.TextBox tbSampleVolume;
        private System.Windows.Forms.CheckBox cbSample;
        private System.Windows.Forms.CheckBox cbMonitor;
        private System.Windows.Forms.TextBox tbLat;
        private System.Windows.Forms.Label lblLat;
        private System.Windows.Forms.TextBox tbLng;
        private System.Windows.Forms.Label lblLng;
        private System.Windows.Forms.TextBox tbDescription;
        private System.Windows.Forms.Label lblDescription;
        private System.Windows.Forms.Button btnOK;
        private System.Windows.Forms.DataGridView dgvSrc;
        private System.Windows.Forms.DataGridView dgvDst;
        private System.Windows.Forms.DataGridViewTextBoxColumn colSrcNameEn;
        private System.Windows.Forms.DataGridViewTextBoxColumn colDstNameEn;
        private System.Windows.Forms.DataGridViewTextBoxColumn colDstValue;
        private System.Windows.Forms.Label lblBottleNo;
        private System.Windows.Forms.ComboBox cboBottleNo;
        private System.Windows.Forms.Label lblGdmVal;
        private System.Windows.Forms.TextBox txtGdmVal;
    }
}
namespace MainApp.View.UITask
{
    partial class DlgTpInfo
    {
        /// <summary>
        /// Required designer variable.
        /// </summary>
        private System.ComponentModel.IContainer components = null;

        /// <summary>
        /// Clean up any resources being used.
        /// </summary>
        /// <param name="disposing">true if managed resources should be disposed; otherwise, false.</param>
        protected override void Dispose(bool disposing)
```

```
        {
            if (disposing && (components != null))
            {
                components.Dispose();
            }
            base.Dispose(disposing);
        }

        #region Windows Form Designer generated code

        /// <summary>
        /// Required method for Designer support-do not modify
        /// the contents of this method with the code editor.
        /// </summary>
        private void InitializeComponent()
        {
            this.components = new System.ComponentModel.Container();
            System.ComponentModel.ComponentResourceManager resources = new System.
ComponentModel.ComponentResourceManager(typeof(DlgTpInfo));
            System.Windows.Forms.DataGridViewCellStyle dataGridViewCellStyle3 = new
System.Windows.Forms.DataGridViewCellStyle();
            this.btnCancel = new System.Windows.Forms.Button();
            this.grpTp = new System.Windows.Forms.GroupBox();
            this.grpSample = new System.Windows.Forms.GroupBox();
            this.cboBottleNo = new System.Windows.Forms.ComboBox();
            this.lblBottleNo = new System.Windows.Forms.Label();
            this.tbSampleDepth = new System.Windows.Forms.TextBox();
            this.lblSampleDepth = new System.Windows.Forms.Label();
            this.lblSampleVolume = new System.Windows.Forms.Label();
            this.tbSampleVolume = new System.Windows.Forms.TextBox();
            this.cbSample = new System.Windows.Forms.CheckBox();
            this.cbMonitor = new System.Windows.Forms.CheckBox();
            this.tbLat = new System.Windows.Forms.TextBox();
            this.lblLat = new System.Windows.Forms.Label();
            this.tbLng = new System.Windows.Forms.TextBox();
            this.lblLng = new System.Windows.Forms.Label();
            this.tbDescription = new System.Windows.Forms.TextBox();
            this.lblDescription = new System.Windows.Forms.Label();
```

```
this.dgvTp = new System.Windows.Forms.DataGridView();
this.colOrder = new System.Windows.Forms.DataGridViewTextBoxColumn();
this.colLng = new System.Windows.Forms.DataGridViewTextBoxColumn();
this.colLat = new System.Windows.Forms.DataGridViewTextBoxColumn();
this.colBottleNo = new System.Windows.Forms.DataGridViewTextBoxColumn();
this.colIsMonitor = new System.Windows.Forms.DataGridViewCheckBoxColumn
();
this.colIsSample = new System.Windows.Forms.DataGridViewCheckBoxColumn
();
this.colSampleDepth = new System.Windows.Forms.DataGridViewTextBoxCol-
umn();
this.colSampleVolume = new System.Windows.Forms.DataGridViewTextBoxCol-
umn();
this.colDescription = new System.Windows.Forms.DataGridViewTextBoxColumn
();
this.bsTp = new System.Windows.Forms.BindingSource(this.components);
this.btnDeleteTp = new System.Windows.Forms.Button();
this.btnAddTp = new System.Windows.Forms.Button();
this.btnMoveUp = new System.Windows.Forms.Button();
this.btnMoveDown = new System.Windows.Forms.Button();
this.mv = new MainApp.View.UsrCtrl.MapView();
this.btnOK = new System.Windows.Forms.Button();
this.grpTp.SuspendLayout();
this.grpSample.SuspendLayout();
((System.ComponentModel.ISupportInitialize)(this.dgvTp)).BeginInit();
((System.ComponentModel.ISupportInitialize)(this.bsTp)).BeginInit();
this.SuspendLayout();
//
// btnCancel
//
this.btnCancel.Anchor = ((System.Windows.Forms.AnchorStyles)((System.
Windows.Forms.AnchorStyles.Bottom | System.Windows.Forms.AnchorStyles.Right)));
this.btnCancel.BackColor = System.Drawing.Color.White;
this.btnCancel.BackgroundImage = ((System.Drawing.Image)(resources.
GetObject("btnCancel.BackgroundImage")));
this.btnCancel.DialogResult = System.Windows.Forms.DialogResult.Cancel;
this.btnCancel.Font = new System.Drawing.Font("微软雅黑", 9F, System.
Drawing.FontStyle.Regular, System.Drawing.GraphicsUnit.Point, ((byte)(134)));
```

```
this. btnCancel. ForeColor = System. Drawing. Color. White;
this. btnCancel. Location = new System. Drawing. Point(976, 683);
this. btnCancel. Margin = new System. Windows. Forms. Padding(5, 6, 5, 6);
this. btnCancel. Name = "btnCancel";
this. btnCancel. Size = new System. Drawing. Size(100, 30);
this. btnCancel. TabIndex = 15;
this. btnCancel. Text = "返 回";
this. btnCancel. UseVisualStyleBackColor = false;
//
// grpTp
//
this. grpTp. Anchor = ((System. Windows. Forms. AnchorStyles)((System.
Windows. Forms. AnchorStyles. Top | System. Windows. Forms. AnchorStyles. Right)));
this. grpTp. Controls. Add(this. grpSample);
this. grpTp. Controls. Add(this. cbSample);
this. grpTp. Controls. Add(this. cbMonitor);
this. grpTp. Controls. Add(this. tbLat);
this. grpTp. Controls. Add(this. lblLat);
this. grpTp. Controls. Add(this. tbLng);
this. grpTp. Controls. Add(this. lblLng);
this. grpTp. Controls. Add(this. tbDescription);
this. grpTp. Controls. Add(this. lblDescription);
this. grpTp. Location = new System. Drawing. Point(748, 20);
this. grpTp. Margin = new System. Windows. Forms. Padding(3, 4, 3, 4);
this. grpTp. Name = "grpTp";
this. grpTp. Padding = new System. Windows. Forms. Padding(3, 4, 3, 4);
this. grpTp. Size = new System. Drawing. Size(328, 442);
this. grpTp. TabIndex = 20;
this. grpTp. TabStop = false;
this. grpTp. Text = "新增任务点信息";
//
// grpSample
//
this. grpSample. Controls. Add(this. cboBottleNo);
this. grpSample. Controls. Add(this. lblBottleNo);
this. grpSample. Controls. Add(this. tbSampleDepth);
this. grpSample. Controls. Add(this. lblSampleDepth);
this. grpSample. Controls. Add(this. lblSampleVolume);
```

```
this. grpSample. Controls. Add( this. tbSampleVolume) ;
this. grpSample. Location = new System. Drawing. Point(99, 255) ;
this. grpSample. Margin = new System. Windows. Forms. Padding(3, 4, 3, 4) ;
this. grpSample. Name = "grpSample" ;
this. grpSample. Padding = new System. Windows. Forms. Padding(3, 4, 3, 4) ;
this. grpSample. Size = new System. Drawing. Size(205, 160) ;
this. grpSample. TabIndex = 14;
this. grpSample. TabStop = false;
//
// cboBottleNo
//
this. cboBottleNo. DropDownStyle = System. Windows. Forms. ComboBoxStyle.
DropDownList;
this. cboBottleNo. FormattingEnabled = true;
this. cboBottleNo. Location = new System. Drawing. Point( 94, 28) ;
this. cboBottleNo. Margin = new System. Windows. Forms. Padding(3, 4, 3, 4) ;
this. cboBottleNo. Name = "cboBottleNo" ;
this. cboBottleNo. Size = new System. Drawing. Size( 103, 25) ;
this. cboBottleNo. TabIndex = 20;
//
// lblBottleNo
//
this. lblBottleNo. AutoSize = true;
this. lblBottleNo. Location = new System. Drawing. Point( 30, 31) ;
this. lblBottleNo. Name = "lblBottleNo" ;
this. lblBottleNo. Size = new System. Drawing. Size( 56, 17) ;
this. lblBottleNo. TabIndex = 19;
this. lblBottleNo. Text = "采样瓶号" ;
this. lblBottleNo. Click += new System. EventHandler( this. lblBottleNo_Click) ;
//
// tbSampleDepth
//
this. tbSampleDepth. Location = new System. Drawing. Point(94, 72) ;
this. tbSampleDepth. Margin = new System. Windows. Forms. Padding(3, 4, 3, 4) ;
this. tbSampleDepth. Name = "tbSampleDepth" ;
this. tbSampleDepth. Size = new System. Drawing. Size( 103, 23) ;
this. tbSampleDepth. TabIndex = 9;
//
```

```
// lblSampleDepth
//
this.lblSampleDepth.AutoSize = true;
this.lblSampleDepth.Location = new System.Drawing.Point(30, 72);
this.lblSampleDepth.Name = "lblSampleDepth";
this.lblSampleDepth.Size = new System.Drawing.Size(56, 17);
this.lblSampleDepth.TabIndex = 8;
this.lblSampleDepth.Text = "采样深度";
//
// lblSampleVolume
//
this.lblSampleVolume.AutoSize = true;
this.lblSampleVolume.Location = new System.Drawing.Point(42, 113);
this.lblSampleVolume.Name = "lblSampleVolume";
this.lblSampleVolume.Size = new System.Drawing.Size(44, 17);
this.lblSampleVolume.TabIndex = 10;
this.lblSampleVolume.Text = "采样量";
//
// tbSampleVolume
//
this.tbSampleVolume.Location = new System.Drawing.Point(94, 110);
this.tbSampleVolume.Margin = new System.Windows.Forms.Padding(3, 4, 3, 4);
this.tbSampleVolume.Name = "tbSampleVolume";
this.tbSampleVolume.Size = new System.Drawing.Size(103, 23);
this.tbSampleVolume.TabIndex = 11;
//
// cbSample
//
this.cbSample.AutoSize = true;
this.cbSample.Location = new System.Drawing.Point(105, 218);
this.cbSample.Margin = new System.Windows.Forms.Padding(3, 4, 3, 4);
this.cbSample.Name = "cbSample";
this.cbSample.Size = new System.Drawing.Size(63, 21);
this.cbSample.TabIndex = 13;
this.cbSample.Text = "采样点";
this.cbSample.UseVisualStyleBackColor = true;
this.cbSample.CheckedChanged += new System.EventHandler(this.cbSample_
CheckedChanged);
```

```
//
// cbMonitor
//
this. cbMonitor. AutoSize = true;
this. cbMonitor. Location = new System. Drawing. Point(21, 218);
this. cbMonitor. Margin = new System. Windows. Forms. Padding(3, 4, 3, 4);
this. cbMonitor. Name = "cbMonitor";
this. cbMonitor. Size = new System. Drawing. Size(63, 21);
this. cbMonitor. TabIndex = 12;
this. cbMonitor. Text = "监测点";
this. cbMonitor. UseVisualStyleBackColor = true;
//
// tbLat
//
this. tbLat. Location = new System. Drawing. Point(100, 67);
this. tbLat. Margin = new System. Windows. Forms. Padding(3, 4, 3, 4);
this. tbLat. Name = "tbLat";
this. tbLat. Size = new System. Drawing. Size(205, 23);
this. tbLat. TabIndex = 7;
//
// lblLat
//
this. lblLat. AutoSize = true;
this. lblLat. Location = new System. Drawing. Point(52, 70);
this. lblLat. Name = "lblLat";
this. lblLat. Size = new System. Drawing. Size(32, 17);
this. lblLat. TabIndex = 6;
this. lblLat. Text = "纬度";
//
// tbLng
//
this. tbLng. Location = new System. Drawing. Point(100, 28);
this. tbLng. Margin = new System. Windows. Forms. Padding(3, 4, 3, 4);
this. tbLng. Name = "tbLng";
this. tbLng. Size = new System. Drawing. Size(205, 23);
this. tbLng. TabIndex = 5;
//
// lblLng
```

```
//
this.lblLng.AutoSize = true;
this.lblLng.Location = new System.Drawing.Point(52, 31);
this.lblLng.Name = "lblLng";
this.lblLng.Size = new System.Drawing.Size(32, 17);
this.lblLng.TabIndex = 4;
this.lblLng.Text = "经度";
//
// tbDescription
//
this.tbDescription.Location = new System.Drawing.Point(100, 105);
this.tbDescription.Margin = new System.Windows.Forms.Padding(3, 4, 3, 4);
this.tbDescription.Multiline = true;
this.tbDescription.Name = "tbDescription";
this.tbDescription.Size = new System.Drawing.Size(205, 83);
this.tbDescription.TabIndex = 3;
//
// lblDescription
//
this.lblDescription.AutoSize = true;
this.lblDescription.Location = new System.Drawing.Point(28, 108);
this.lblDescription.Name = "lblDescription";
this.lblDescription.Size = new System.Drawing.Size(56, 17);
this.lblDescription.TabIndex = 2;
this.lblDescription.Text = "描述信息";
//
// dgvTp
//
this.dgvTp.AllowUserToAddRows = false;
this.dgvTp.AllowUserToDeleteRows = false;
this.dgvTp.AllowUserToResizeRows = false;
dataGridViewCellStyle3.BackColor = System.Drawing.SystemColors.
GradientInactiveCaption;
this.dgvTp.AlternatingRowsDefaultCellStyle = dataGridViewCellStyle3;
this.dgvTp.Anchor = ((System.Windows.Forms.AnchorStyles)(((System.
Windows.Forms.AnchorStyles.Bottom | System.Windows.Forms.AnchorStyles.Left)
| System.Windows.Forms.AnchorStyles.Right)));
this.dgvTp.AutoGenerateColumns = false;
```

```
this. dgvTp. BackgroundColor = System. Drawing. Color. White;
this. dgvTp. BorderStyle = System. Windows. Forms. BorderStyle. Fixed3D;
this. dgvTp. ColumnHeadersHeight = 30;
this. dgvTp. Columns. AddRange ( new System. Windows. Forms.
DataGridViewColumn[] {
this. colOrder,
this. colLng,
this. colLat,
this. colBottleNo,
this. colIsMonitor,
this. colIsSample,
this. colSampleDepth,
this. colSampleVolume,
this. colDescription} );
this. dgvTp. DataSource = this. bsTp;
this. dgvTp. Location = new System. Drawing. Point(19, 473);
this. dgvTp. Margin = new System. Windows. Forms. Padding(3, 4, 3, 4);
this. dgvTp. MultiSelect = false;
this. dgvTp. Name = "dgvTp";
this. dgvTp. RowHeadersVisible = false;
this. dgvTp. RowTemplate. Height = 23;
this. dgvTp. SelectionMode = System. Windows. Forms. DataGridViewSelectionMode.
FullRowSelect;
this. dgvTp. Size = new System. Drawing. Size(1057, 177);
this. dgvTp. TabIndex = 19;
this. dgvTp. CellEndEdit += new System. Windows. Forms.
DataGridViewCellEventHandler(this. dgvTp_CellEndEdit);
this. dgvTp. DataError += new System. Windows. Forms.
DataGridViewDataErrorEventHandler(this. dgvTp_DataError);
//
// colOrder
//
this. colOrder. DataPropertyName = "Order";
this. colOrder. HeaderText = "序号";
this. colOrder. Name = "colOrder";
this. colOrder. ReadOnly = true;
this. colOrder. Width = 60;
//
```

```
// colLng
//
this. colLng. DataPropertyName = "Lng";
this. colLng. HeaderText = "经度";
this. colLng. Name = "colLng";
//
// colLat
//
this. colLat. DataPropertyName = "Lat";
this. colLat. HeaderText = "纬度";
this. colLat. Name = "colLat";
//
// colBottleNo
//
this. colBottleNo. DataPropertyName = "BottleNo";
this. colBottleNo. HeaderText = "采集瓶号";
this. colBottleNo. Name = "colBottleNo";
this. colBottleNo. ReadOnly = true;
this. colBottleNo. Resizable = System. Windows. Forms. DataGridViewTriState. True;
//
// colIsMonitor
//
this. colIsMonitor. DataPropertyName = "IsMonitor";
this. colIsMonitor. HeaderText = "监测点";
this. colIsMonitor. Name = "colIsMonitor";
this. colIsMonitor. Resizable = System. Windows. Forms. DataGridViewTriState. True;
this. colIsMonitor. SortMode = System. Windows. Forms. DataGridViewColumnSort-
Mode. Automatic;
this. colIsMonitor. Width = 55;
//
// colIsSample
//
this. colIsSample. DataPropertyName = "IsSample";
this. colIsSample. HeaderText = "采样点";
this. colIsSample. Name = "colIsSample";
this. colIsSample. Width = 50;
//
// colSampleDepth
```

```
            //
            this. colSampleDepth. DataPropertyName = "SampleDepth";
            this. colSampleDepth. HeaderText = "采样深度";
            this. colSampleDepth. Name = "colSampleDepth";
            this. colSampleDepth. Resizable = System. Windows. Forms.
DataGridViewTriState. True;
            this. colSampleDepth. SortMode = System. Windows. Forms.
DataGridViewColumnSortMode. NotSortable;
            //
            // colSampleVolume
            //
            this. colSampleVolume. DataPropertyName = "SampleVolume";
            this. colSampleVolume. HeaderText = "采样量";
            this. colSampleVolume. Name = "colSampleVolume";
            this. colSampleVolume. Resizable = System. Windows. Forms.
DataGridViewTriState. True;
            this. colSampleVolume. SortMode = System. Windows. Forms.
DataGridViewColumnSortMode. NotSortable;
            //
            // colDescription
            //
            this. colDescription. DataPropertyName = "Description";
            this. colDescription. HeaderText = "描述";
            this. colDescription. Name = "colDescription";
            this. colDescription. Width = 370;
            //
            // btnDeleteTp
            //
            this. btnDeleteTp. Anchor = ((System. Windows. Forms. AnchorStyles)((System.
Windows. Forms. AnchorStyles. Bottom | System. Windows. Forms. AnchorStyles. Left)));
            this. btnDeleteTp. BackColor = System. Drawing. SystemColors. Control;
            this. btnDeleteTp. BackgroundImage = ((System. Drawing. Image)(resources.
GetObject("btnDeleteTp. BackgroundImage")));
            this. btnDeleteTp. Font = new System. Drawing. Font("微软雅黑", 9F, System.
Drawing. FontStyle. Regular, System. Drawing. GraphicsUnit. Point, ((byte)(134)));
            this. btnDeleteTp. ForeColor = System. Drawing. Color. White;
            this. btnDeleteTp. Location = new System. Drawing. Point(145, 683);
            this. btnDeleteTp. Margin = new System. Windows. Forms. Padding(5, 6, 5, 6);
```

```
this.btnDeleteTp.Name = "btnDeleteTp";
this.btnDeleteTp.Size = new System.Drawing.Size(100, 30);
this.btnDeleteTp.TabIndex = 24;
this.btnDeleteTp.Text = "删除任务点";
this.btnDeleteTp.UseVisualStyleBackColor = false;
this.btnDeleteTp.Click += new System.EventHandler(this.btnDeleteTp_Click);
//
// btnAddTp
//
this.btnAddTp.Anchor = ((System.Windows.Forms.AnchorStyles)((System.Windows.Forms.AnchorStyles.Bottom | System.Windows.Forms.AnchorStyles.Left)));
this.btnAddTp.BackColor = System.Drawing.SystemColors.Control;
this.btnAddTp.BackgroundImage = ((System.Drawing.Image)(resources.GetObject("btnAddTp.BackgroundImage")));
this.btnAddTp.Font = new System.Drawing.Font("微软雅黑", 9F, System.Drawing.FontStyle.Regular, System.Drawing.GraphicsUnit.Point, ((byte)(134)));
this.btnAddTp.ForeColor = System.Drawing.Color.White;
this.btnAddTp.Location = new System.Drawing.Point(19, 683);
this.btnAddTp.Margin = new System.Windows.Forms.Padding(5, 6, 5, 6);
this.btnAddTp.Name = "btnAddTp";
this.btnAddTp.Size = new System.Drawing.Size(100, 30);
this.btnAddTp.TabIndex = 22;
this.btnAddTp.Text = "新增任务点";
this.btnAddTp.UseVisualStyleBackColor = false;
this.btnAddTp.Click += new System.EventHandler(this.btnAddTp_Click);
//
// btnMoveUp
//
this.btnMoveUp.Anchor = ((System.Windows.Forms.AnchorStyles)((System.Windows.Forms.AnchorStyles.Bottom | System.Windows.Forms.AnchorStyles.Left)));
this.btnMoveUp.BackColor = System.Drawing.SystemColors.Control;
this.btnMoveUp.BackgroundImage = ((System.Drawing.Image)(resources.GetObject("btnMoveUp.BackgroundImage")));
this.btnMoveUp.Font = new System.Drawing.Font("微软雅黑", 9F, System.Drawing.FontStyle.Regular, System.Drawing.GraphicsUnit.Point, ((byte)(134)));
this.btnMoveUp.ForeColor = System.Drawing.Color.White;
this.btnMoveUp.Location = new System.Drawing.Point(271, 683);
this.btnMoveUp.Margin = new System.Windows.Forms.Padding(5, 6, 5, 6);
```

```
this.btnMoveUp.Name = "btnMoveUp";
this.btnMoveUp.Size = new System.Drawing.Size(100, 30);
this.btnMoveUp.TabIndex = 25;
this.btnMoveUp.Text = "上 移";
this.btnMoveUp.UseVisualStyleBackColor = false;
this.btnMoveUp.Click += new System.EventHandler(this.btnMoveUp_Click);
//
// btnMoveDown
//
this.btnMoveDown.Anchor = ((System.Windows.Forms.AnchorStyles)((System.Windows.Forms.AnchorStyles.Bottom | System.Windows.Forms.AnchorStyles.Left)));
this.btnMoveDown.BackColor = System.Drawing.SystemColors.Control;
this.btnMoveDown.BackgroundImage = ((System.Drawing.Image)(resources.GetObject("btnMoveDown.BackgroundImage")));
this.btnMoveDown.Font = new System.Drawing.Font("微软雅黑", 9F, System.Drawing.FontStyle.Regular, System.Drawing.GraphicsUnit.Point, ((byte)(134)));
this.btnMoveDown.ForeColor = System.Drawing.Color.White;
this.btnMoveDown.Location = new System.Drawing.Point(397, 683);
this.btnMoveDown.Margin = new System.Windows.Forms.Padding(5, 6, 5, 6);
this.btnMoveDown.Name = "btnMoveDown";
this.btnMoveDown.Size = new System.Drawing.Size(100, 30);
this.btnMoveDown.TabIndex = 26;
this.btnMoveDown.Text = "下 移";
this.btnMoveDown.UseVisualStyleBackColor = false;
this.btnMoveDown.Click += new System.EventHandler(this.btnMoveDown_Click);
//
// mv
//
this.mv.Anchor = ((System.Windows.Forms.AnchorStyles)((((System.Windows.Forms.AnchorStyles.Top | System.Windows.Forms.AnchorStyles.Bottom)
| System.Windows.Forms.AnchorStyles.Left)
| System.Windows.Forms.AnchorStyles.Right)));
this.mv.Location = new System.Drawing.Point(19, 20);
this.mv.Margin = new System.Windows.Forms.Padding(5, 7, 5, 7);
this.mv.Name = "mv";
this.mv.Size = new System.Drawing.Size(710, 442);
this.mv.TabIndex = 21;
```

```
this. mv. MapLoaded += new MapLoadedHandler(this. mv_MapLoaded);
//
// btnOK
//
this. btnOK. Anchor = ((System. Windows. Forms. AnchorStyles)((System. Windows. Forms. AnchorStyles. Bottom | System. Windows. Forms. AnchorStyles. Right)));
this. btnOK. BackColor = System. Drawing. Color. White;
this. btnOK. BackgroundImage = ((System. Drawing. Image)(resources. GetObject("btnOK. BackgroundImage")));
this. btnOK. DialogResult = System. Windows. Forms. DialogResult. Cancel;
this. btnOK. Font = new System. Drawing. Font("微软雅黑", 9F, System. Drawing. FontStyle. Regular, System. Drawing. GraphicsUnit. Point, ((byte)(134)));
this. btnOK. ForeColor = System. Drawing. Color. White;
this. btnOK. Location = new System. Drawing. Point(850, 683);
this. btnOK. Margin = new System. Windows. Forms. Padding(5, 6, 5, 6);
this. btnOK. Name = "btnOK";
this. btnOK. Size = new System. Drawing. Size(100, 30);
this. btnOK. TabIndex = 27;
this. btnOK. Text = "确 定";
this. btnOK. UseVisualStyleBackColor = false;
this. btnOK. Click += new System. EventHandler(this. btnOK_Click);
//
// DlgTpInfo
//
this. AutoScaleDimensions = new System. Drawing. SizeF(7F, 17F);
this. AutoScaleMode = System. Windows. Forms. AutoScaleMode. Font;
this. ClientSize = new System. Drawing. Size(1094, 756);
this. Controls. Add(this. btnOK);
this. Controls. Add(this. btnMoveDown);
this. Controls. Add(this. btnMoveUp);
this. Controls. Add(this. mv);
this. Controls. Add(this. grpTp);
this. Controls. Add(this. dgvTp);
this. Controls. Add(this. btnDeleteTp);
this. Controls. Add(this. btnAddTp);
this. Controls. Add(this. btnCancel);
this. Font = new System. Drawing. Font("微软雅黑", 9F, System. Drawing. FontStyle. Regular, System. Drawing. GraphicsUnit. Point, ((byte)(134)));
```

```
    this.Icon = ((System.Drawing.Icon)(resources.GetObject("$this.Icon")));
    this.Margin = new System.Windows.Forms.Padding(3, 4, 3, 4);
    this.Name = "DlgTpInfo";
    this.StartPosition = System.Windows.Forms.FormStartPosition.CenterParent;
    this.Text = "任务点信息";
    this.Load += new System.EventHandler(this.DlgTpInfo_Load);
    this.grpTp.ResumeLayout(false);
    this.grpTp.PerformLayout();
    this.grpSample.ResumeLayout(false);
    this.grpSample.PerformLayout();
    ((System.ComponentModel.ISupportInitialize)(this.dgvTp)).EndInit();
    ((System.ComponentModel.ISupportInitialize)(this.bsTp)).EndInit();
    this.ResumeLayout(false);

}

#endregion

private System.Windows.Forms.Button btnCancel;
private UsrCtrl.MapView mv;
private System.Windows.Forms.GroupBox grpTp;
private System.Windows.Forms.GroupBox grpSample;
private System.Windows.Forms.TextBox tbSampleDepth;
private System.Windows.Forms.Label lblSampleDepth;
private System.Windows.Forms.Label lblSampleVolume;
private System.Windows.Forms.TextBox tbSampleVolume;
private System.Windows.Forms.CheckBox cbSample;
private System.Windows.Forms.CheckBox cbMonitor;
private System.Windows.Forms.TextBox tbLat;
private System.Windows.Forms.Label lblLat;
private System.Windows.Forms.TextBox tbLng;
private System.Windows.Forms.Label lblLng;
private System.Windows.Forms.TextBox tbDescription;
private System.Windows.Forms.Label lblDescription;
private System.Windows.Forms.DataGridView dgvTp;
private System.Windows.Forms.Button btnDeleteTp;
private System.Windows.Forms.Button btnAddTp;
private System.Windows.Forms.BindingSource bsTp;
```

```
            private System. Windows. Forms. Button btnMoveUp;
            private System. Windows. Forms. Button btnMoveDown;
            private System. Windows. Forms. Button btnOK;
            private System. Windows. Forms. ComboBox cboBottleNo;
            private System. Windows. Forms. Label lblBottleNo;
            private System. Windows. Forms. DataGridViewTextBoxColumn colOrder;
            private System. Windows. Forms. DataGridViewTextBoxColumn colLng;
            private System. Windows. Forms. DataGridViewTextBoxColumn colLat;
            private System. Windows. Forms. DataGridViewTextBoxColumn colBottleNo;
            private System. Windows. Forms. DataGridViewCheckBoxColumn colIsMonitor;
            private System. Windows. Forms. DataGridViewCheckBoxColumn colIsSample;
            private System. Windows. Forms. DataGridViewTextBoxColumn colSampleDepth;
            private System. Windows. Forms. DataGridViewTextBoxColumn colSampleVolume;
            private System. Windows. Forms. DataGridViewTextBoxColumn colDescription;
        }
    }
    namespace MainApp. View
    {
        partial class DlgProgressbar
        {
            /// <summary>
            /// Required designer variable.
            /// </summary>
            private System. ComponentModel. IContainer components = null;

            /// <summary>
            /// Clean up any resources being used.
            /// </summary>
            /// <param name =" disposing" >true if managed resources should be disposed;
otherwise, false. </param>
            protected override void Dispose( bool disposing)
            {
                if ( disposing && ( components ! = null) )
                {
                    components. Dispose( ) ;
                }
                base. Dispose( disposing) ;
            }
```

```
#region Windows Form Designer generated code

/// <summary>
/// Required method for Designer support-do not modify
/// the contents of this method with the code editor.
/// </summary>
private void InitializeComponent( )
{
    this. lblProgress = new System. Windows. Forms. Label( ) ;
    this. progressBar1 = new System. Windows. Forms. ProgressBar( ) ;
    this. btnClose = new System. Windows. Forms. Button( ) ;
    this. SuspendLayout( ) ;
    //
    // lblProgress
    //
    this. lblProgress. AutoSize = true;
    this. lblProgress. Location = new System. Drawing. Point(51, 13) ;
    this. lblProgress. Name = "lblProgress" ;
    this. lblProgress. Size = new System. Drawing. Size(59, 12) ;
    this. lblProgress. TabIndex = 0;
    this. lblProgress. Text = "处理中..." ;
    //
    // progressBar1
    //
    this. progressBar1. Location = new System. Drawing. Point(53, 40) ;
    this. progressBar1. Maximum = 1000;
    this. progressBar1. Name = "progressBar1" ;
    this. progressBar1. Size = new System. Drawing. Size(311, 23) ;
    this. progressBar1. TabIndex = 1;
    //
    // btnClose
    //
    this. btnClose. Enabled = false;
    this. btnClose. Location = new System. Drawing. Point(146, 70) ;
    this. btnClose. Name = "btnClose" ;
    this. btnClose. Size = new System. Drawing. Size(75, 23) ;
    this. btnClose. TabIndex = 2;
```

```
            this.btnClose.Text = "确定";
            this.btnClose.UseVisualStyleBackColor = true;
            this.btnClose.Click += new System.EventHandler(this.btnClose_Click);
            //
            // DlgProgressbar
            //
            this.AutoScaleDimensions = new System.Drawing.SizeF(6F, 12F);
            this.AutoScaleMode = System.Windows.Forms.AutoScaleMode.Font;
            this.ClientSize = new System.Drawing.Size(404, 108);
            this.Controls.Add(this.btnClose);
            this.Controls.Add(this.progressBar1);
            this.Controls.Add(this.lblProgress);
            this.MaximizeBox = false;
            this.MinimizeBox = false;
            this.Name = "DlgProgressbar";
            this.StartPosition = System.Windows.Forms.FormStartPosition.CenterParent;
            this.Text = "处理进度";
            this.Activated += new System.EventHandler(this.DlgProgressbar_Activated);
            this.ResumeLayout(false);
            this.PerformLayout();

        }

        #endregion

        private System.Windows.Forms.Label lblProgress;
        private System.Windows.Forms.ProgressBar progressBar1;
        private System.Windows.Forms.Button btnClose;
    }
}
namespace MainApp.View
{
    partial class FrmLogin
    {
        /// <summary>
        /// Required designer variable.
        /// </summary>
        private System.ComponentModel.IContainer components = null;
```

```
/// <summary>
/// Clean up any resources being used.
/// </summary>
/// <param name = " disposing" >true if managed resources should be disposed;
otherwise, false. </param>
protected override void Dispose( bool disposing)
{
  if (disposing && (components ! = null))
  {
    components. Dispose( ) ;
  }
  base. Dispose( disposing) ;
}

#region Windows Form Designer generated code

/// <summary>
/// Required method for Designer support-do not modify
/// the contents of this method with the code editor.
/// </summary>
private void InitializeComponent( )
{
   System. ComponentModel. ComponentResourceManager resources = new System.
ComponentModel. ComponentResourceManager( typeof( FrmLogin) ) ;
  this. groupBox1 = new System. Windows. Forms. GroupBox( ) ;
  this. btnRegister = new System. Windows. Forms. Button( ) ;
  this. lblLoginMsg = new System. Windows. Forms. Label( ) ;
  this. pictureBox4 = new System. Windows. Forms. PictureBox( ) ;
  this. lblCopyright = new System. Windows. Forms. Label( ) ;
  this. btnExit = new System. Windows. Forms. Button( ) ;
  this. txtPassword = new System. Windows. Forms. TextBox( ) ;
  this. txtUsername = new System. Windows. Forms. TextBox( ) ;
  this. btnLogin = new System. Windows. Forms. Button( ) ;
  this. pbControlBg = new System. Windows. Forms. PictureBox( ) ;
  this. groupBox1. SuspendLayout( ) ;
   ( ( System. ComponentModel. ISupportInitialize ) ( this. pictureBox4 ) ). BeginInit
( ) ;
```

```
((System.ComponentModel.ISupportInitialize)(this.pbControlBg)).BeginInit();
this.SuspendLayout();
//
// groupBox1
//
this.groupBox1.Controls.Add(this.btnRegister);
this.groupBox1.Controls.Add(this.lblLoginMsg);
this.groupBox1.Controls.Add(this.pictureBox4);
this.groupBox1.Controls.Add(this.lblCopyright);
this.groupBox1.Controls.Add(this.btnExit);
this.groupBox1.Controls.Add(this.txtPassword);
this.groupBox1.Controls.Add(this.txtUsername);
this.groupBox1.Controls.Add(this.btnLogin);
this.groupBox1.Controls.Add(this.pbControlBg);
this.groupBox1.Location = new System.Drawing.Point(3, 1);
this.groupBox1.Margin = new System.Windows.Forms.Padding(2, 3, 2, 3);
this.groupBox1.Name = "groupBox1";
this.groupBox1.Padding = new System.Windows.Forms.Padding(2, 3, 2, 3);
this.groupBox1.Size = new System.Drawing.Size(574, 339);
this.groupBox1.TabIndex = 30;
this.groupBox1.TabStop = false;
//
// btnRegister
//
this.btnRegister.BackColor = System.Drawing.SystemColors.Window;
this.btnRegister.FlatStyle = System.Windows.Forms.FlatStyle.System;
this.btnRegister.Location = new System.Drawing.Point(481, 92);
this.btnRegister.Margin = new System.Windows.Forms.Padding(2, 3, 2, 3);
this.btnRegister.Name = "btnRegister";
this.btnRegister.Size = new System.Drawing.Size(62, 24);
this.btnRegister.TabIndex = 5;
this.btnRegister.Text = "注 册";
this.btnRegister.UseVisualStyleBackColor = false;
this.btnRegister.Visible = false;
this.btnRegister.Click += new System.EventHandler(this.btnRegister_Click);
//
// lblLoginMsg
//
```

```
this.lblLoginMsg.AutoSize = true;
this.lblLoginMsg.BackColor = System.Drawing.SystemColors.
GradientInactiveCaption;
this.lblLoginMsg.ForeColor = System.Drawing.Color.Red;
this.lblLoginMsg.Location = new System.Drawing.Point(397, 161);
this.lblLoginMsg.Margin = new System.Windows.Forms.Padding(2, 0, 2, 0);
this.lblLoginMsg.Name = "lblLoginMsg";
this.lblLoginMsg.Size = new System.Drawing.Size(80, 17);
this.lblLoginMsg.TabIndex = 38;
this.lblLoginMsg.Text = "用户名不存在";
//
// pictureBox4
//
this.pictureBox4.BackgroundImage = global::MainApp.Properties.Resources.
login_left;
this.pictureBox4.BackgroundImageLayout = System.Windows.Forms.
ImageLayout.Stretch;
this.pictureBox4.Image = global::MainApp.Properties.Resources.login_pic;
this.pictureBox4.Location = new System.Drawing.Point(0, 14);
this.pictureBox4.Margin = new System.Windows.Forms.Padding(2, 3, 2, 3);
this.pictureBox4.Name = "pictureBox4";
this.pictureBox4.Size = new System.Drawing.Size(225, 292);
this.pictureBox4.SizeMode = System.Windows.Forms.PictureBoxSizeMode.
StretchImage;
this.pictureBox4.TabIndex = 37;
this.pictureBox4.TabStop = false;
//
// lblCopyright
//
this.lblCopyright.AutoSize = true;
this.lblCopyright.Font = new System.Drawing.Font("Calibri", 11.25F,
System.Drawing.FontStyle.Regular, System.Drawing.GraphicsUnit.Point, ((byte)(0)));
this.lblCopyright.Location = new System.Drawing.Point(122, 309);
this.lblCopyright.Margin = new System.Windows.Forms.Padding(2, 0, 2, 0);
this.lblCopyright.Name = "lblCopyright";
this.lblCopyright.Size = new System.Drawing.Size(215, 18);
this.lblCopyright.TabIndex = 36;
this.lblCopyright.Text = "Copyright 2017 All rights reserved";
```

```
//
// btnExit
//
this. btnExit. BackColor = System. Drawing. SystemColors. Window;
this. btnExit. BackgroundImage = ((System. Drawing. Image)(resources.
GetObject("btnExit. BackgroundImage")));
this. btnExit. FlatStyle = System. Windows. Forms. FlatStyle. System;
this. btnExit. Location = new System. Drawing. Point(415, 203);
this. btnExit. Margin = new System. Windows. Forms. Padding(2, 3, 2, 3);
this. btnExit. Name = "btnExit";
this. btnExit. Size = new System. Drawing. Size(62, 24);
this. btnExit. TabIndex = 6;
this. btnExit. Text = "退 出";
this. btnExit. UseVisualStyleBackColor = false;
this. btnExit. Click += new System. EventHandler(this. btnExit_Click);
//
// txtPassword
//
this. txtPassword. Location = new System. Drawing. Point(346, 125);
this. txtPassword. Margin = new System. Windows. Forms. Padding(2, 3, 2, 3);
this. txtPassword. Name = "txtPassword";
this. txtPassword. PasswordChar = '*';
this. txtPassword. Size = new System. Drawing. Size(131, 23);
this. txtPassword. TabIndex = 2;
this. txtPassword. KeyPress += new System. Windows. Forms.
KeyPressEventHandler(this. txtPassword_KeyPress);
//
// txtUsername
//
this. txtUsername. Location = new System. Drawing. Point(346, 93);
this. txtUsername. Margin = new System. Windows. Forms. Padding(2, 3, 2, 3);
this. txtUsername. Name = "txtUsername";
this. txtUsername. Size = new System. Drawing. Size(131, 23);
this. txtUsername. TabIndex = 1;
//
// btnLogin
//
this. btnLogin. BackColor = System. Drawing. Color. White;
```

```
this.btnLogin.BackgroundImage = ((System.Drawing.Image)(resources.GetObject("btnLogin.BackgroundImage")));
this.btnLogin.FlatStyle = System.Windows.Forms.FlatStyle.System;
this.btnLogin.Location = new System.Drawing.Point(305, 203);
this.btnLogin.Margin = new System.Windows.Forms.Padding(2, 3, 2, 3);
this.btnLogin.Name = "btnLogin";
this.btnLogin.Size = new System.Drawing.Size(62, 24);
this.btnLogin.TabIndex = 4;
this.btnLogin.Text = "登 录";
this.btnLogin.UseVisualStyleBackColor = false;
this.btnLogin.Click += new System.EventHandler(this.btnLogin_Click);
//
// pbControlBg
//
this.pbControlBg.Image = global::MainApp.Properties.Resources.login;
this.pbControlBg.Location = new System.Drawing.Point(225, 14);
this.pbControlBg.Margin = new System.Windows.Forms.Padding(2, 3, 2, 3);
this.pbControlBg.Name = "pbControlBg";
this.pbControlBg.Size = new System.Drawing.Size(345, 292);
this.pbControlBg.SizeMode = System.Windows.Forms.PictureBoxSizeMode.StretchImage;
this.pbControlBg.TabIndex = 30;
this.pbControlBg.TabStop = false;
//
// FrmLogin
//
this.AutoScaleDimensions = new System.Drawing.SizeF(7F, 17F);
this.AutoScaleMode = System.Windows.Forms.AutoScaleMode.Font;
this.BackColor = System.Drawing.SystemColors.Window;
this.BackgroundImageLayout = System.Windows.Forms.ImageLayout.Stretch;
this.ClientSize = new System.Drawing.Size(581, 344);
this.Controls.Add(this.groupBox1);
this.Font = new System.Drawing.Font("微软雅黑", 9F, System.Drawing.FontStyle.Regular, System.Drawing.GraphicsUnit.Point, ((byte)(134)));
this.FormBorderStyle = System.Windows.Forms.FormBorderStyle.FixedSingle;
this.Icon = ((System.Drawing.Icon)(resources.GetObject("$this.Icon")));
this.Margin = new System.Windows.Forms.Padding(3, 4, 3, 4);
this.Name = "FrmLogin";
```

```
            this.StartPosition = System.Windows.Forms.FormStartPosition.CenterScreen;
            this.Text = "应用程序";
            this.Load += new System.EventHandler(this.FrmLogin_Load);
            this.groupBox1.ResumeLayout(false);
            this.groupBox1.PerformLayout();
            ((System.ComponentModel.ISupportInitialize)(this.pictureBox4)).EndInit();
            ((System.ComponentModel.ISupportInitialize)(this.pbControlBg)).EndInit();
            this.ResumeLayout(false);

        }

        #endregion

        private System.Windows.Forms.GroupBox groupBox1;
        private System.Windows.Forms.Label lblLoginMsg;
        private System.Windows.Forms.PictureBox pictureBox4;
        private System.Windows.Forms.Label lblCopyright;
        private System.Windows.Forms.Button btnExit;
        private System.Windows.Forms.TextBox txtPassword;
        private System.Windows.Forms.TextBox txtUsername;
        private System.Windows.Forms.Button btnLogin;
        private System.Windows.Forms.PictureBox pbControlBg;
        private System.Windows.Forms.Button btnRegister;

    }
}
```

附件 2　无人船船载水质监测系统

（T/CAQ 169—2021　T/CWEC 21—2021　2021-01-05 发布　2021-04-01 实施）

前　言

本文件按 GB/T 1. 1—2020《标准化工作导则　第 1 部分：标准化文件的结构和起草规则》的规则起草。

请注意本文件的某些内容可能涉及专利，本文件的发布机构不承担识别这些专利的责任。

本文件由中国质量检验协会、中国水利企业协会提出并归口。

本文件起草单位：中国水利水电科学研究院、大连海事大学无人驾驶船舶技术与系统协同创新研究院、青岛中质脱盐质量检测有限公司、珠江水利委员会珠江水利科学研究院、中国环境科学研究院、自然资源部第一海洋研究所、生态环境部海河流域北海海域生态环境监督管理局生态环境监测与科学研究中心、广州南方卫星导航仪器有限公司、深圳市百纳生态研究院有限公司、珠海云洲智能科技有限公司、贵阳市水务管理局、山东省科学院海洋仪器仪表研究所、中国科学院西安光学精密机械研究所、辽宁省丹东水文局、贵阳市水务管理局、中国科学院长春光学精密机械与物理研究所 、长光禹辰信息技术与装备（青岛）有限公司、南京金信时空智能科技有限公司、河南水利投资集团有限公司、北京自然山水环境科技有限公司、北京恒华伟业科技股份有限公司、上海安杰环保科技有限公司、南京大学、中国科学院水生生物研究所、北京虹湾威鹏信息技术有限公司、中科院软件研究所南京软件技术研究院、燕山大学、成都益清源科技有限公司、成都云尚物联环境科技有限公司、武汉楚航测控科技有限公司、华北水利水电大学、北京智科远达数据技术有限公司、厦门和丰互动科技有限公司、江西怡杉环保股份有限公司、南京市政设计研究院有限责任公司、贵州省水利水电勘测设计研究院有限公司、宁波市奉化区水务有限公司、北京中质国研环境科技研究有限公司。

本文件起草人：彭文启、陈学凯、董飞、吴文强、刘晓波、曹峰、李海、张启文、许汉平、刘庆彬、王国峰、苑萍、董延军、江显群、陈武奋、王建国、张启文、陈艳卿、金久才、罗阳、纪君平、张鹏飞、张玉昌、周广宇、蒋帅、曹煊、孔祥峰、马然、于涛、张弘、蒋帅、张军强、辛久元、金双根、刘建栋、王洪翠、徐铭霞、王庆利、张豪、张楠、万铁庄、罗新伟、刘丰奎 、张徐祥、耿金菊、段明、虞功亮、张延伟、明星、毕卫红、陈铁梅、王彬、李志远、陈守开、蔡茂元、李海、冷建雄、孔宇、梅静梁、伍承驹、代彬、陈章淼、周华强、刘厚斌、胡志均、汪行波、林煜超。

本文件在执行过程中的意见或建议反馈至中国质量检验协会标准部、中国水利企业协会技术标准部。

本文件为首次发布。

无人船船载水质监测系统

1　范围

本文件规定了无人船船载水质监测系统的组成、功能、技术要求、检验方法、标志、包装、运输以及贮存。

本文件适用于水环境监测领域的无人船船载水质监测系统的设计、制造和应用。

2　规范性引用文件

下列文件中的内容通过文中的规范性引用而构成本文件必不可少的条款。其中,注日期的引用文件,仅该日期对应的版本适用于本文件;不注日期的引用文件,其最新版本(包括所有的修改单)适用于本文件。

GB 3838　地表水环境质量标准

GB 8978　污水综合排放标准

GB/T 9359　水文仪器基本环境试验条件及方法

GB/T 10250—2007　船舶电气与电子设备的电磁兼容性

GB/T 13603　船舶蓄电池装置

GB/T 32705　实验室仪器及设备安全规范仪用电源

SL 187—1996　水质采样技术规程

HJ 915—2017　地表水自动监测技术规范(试行)

SZY 205　水资源监测设备质量检验

3　术语和定义

下列术语和定义适用于本文件。

3.1　船载水质监测系统　shipborne water quality monitoring system

能够搭载到船上进行水质采样、测量及数据传输的在线分析系统。

4　总则

4.1　系统组成

无人船船载水质监测系统主要由采配水单元、水质监测传感单元、采集/控制/传输/储存单元、电源单元以及系统控制终端单元组成。

4.2　系统功能

无人船船载水质监测系统是通过接收到的无线指令要求,按照要求的测量频率对指定位置的目标水质进行实时测量,将监测数据及相关信息自动存储并传送至地面接收端。

5　技术要求

5.1　工作环境

应符合 GB/T 9359 船载仪器有关规定。

5.2　性能指标

5.2.1　监测参数

根据 GB 3838 和 GB 8978，监测参数选择应按照表 1 执行。

表 1　无人船船载系统水文水质监测参数

水体	基础参数	选测参数
河流	水温、pH、电导率、浊度、溶解氧、氧化还原电位、化学需氧量、氨氮	总磷、总氮、挥发酚、挥发性有机物、油类、重金属、总有机碳、生化需氧量、硝酸盐氮、亚硝酸盐氮、色度、透明度、总悬浮物、藻类密度、石油类、流量、流速、流向、水位等
湖、库	水温、pH、电导率、浊度、溶解氧、氧化还原电位、化学需氧量、氨氮、叶绿素 a、蓝藻密度	总磷、总氮、挥发酚、挥发性有机物、油类、重金属、总有机碳、生化需氧量、硝酸盐氮、亚硝酸盐氮、色度、透明度、总悬浮物、石油类、流量、流速、流向、水位等

5.2.2　功能要求

5.2.2.1　应具有水质检测、数据采集、数据传输、数据存储等功能。

5.2.2.2　应能实现实时在线自动监测，运行稳定，维护量少。

5.2.2.3　支持多种接口方式，可扩展其他监测参数。

5.2.2.4　检测设备应具有以下自检功能：

a）应能检查和设置系统工作参数；

b）应能检测传感器状态；

c）应能检测存储器状态及剩余容量；

d）应能检测通信状态；

e）应能检测电池剩余电量或电池状态。

5.2.2.5　采配水单元要求

a）采用采配水方式测量方式的，应具有水样收集池。水样收集池应具有进水和出水通道，且应方便取出进行清洁；

b）样品采集部件及流路管路的材质应选用耐高温、防腐蚀和不吸附、正常工作时不与水体各种污染物发生物理和化学反应的材料，应不影响目标污染物的正常测量。质量可靠，不易破裂；

c）采配水的收集和预处理方式，采配水的软管及采样瓶在作业前应清洗干净，无杂物；对于温度较高的环境，应及时将水样从采样瓶中取出保存管理，保存与管理应遵守 SL 187—1996 的要求。

5.2.2.6 水质监测传感单元要求

性能指标应满足 HJ 915—2017 中表 A.2 要求。

外观表面应具有防湿热腐蚀、防盐雾腐蚀以及防霉菌腐蚀等功能。

5.2.2.7 控制、采集、传输、存储单元要求

a)控制单元

应能够根据接收到的任务指令要求,按照设定位置、时间、采集频率等进行测试;

b)数据采集

应能够对水质监测数据进行实时采集,尤其要注意航速、测量间隔要与水质监测系统响应频率相匹配;

c)数据存储

应能根据设定的存储模式和格式存储实时采集的数据;

d)数据传输

应能够将监测数据按照一定的数据格式传输至船控和地面接收端。

5.2.2.8 供电要求

根据 GB/T 32705 实验室仪器及设备安全规范仪用电源和 GB/T 13603—2012 船舶蓄电池装置的要求,设计供电电压。

a)供电方式

供电方式可采用共用或单独电源供电;

b)供电电压

系统电压宜采用直流 5~48 V 供电。

5.2.2.9 系统控制终端要求

a)系统控制终端应具有数据采集、记录、处理和控制等操作界面软件。界面语言应为中文和英文,供使用者选择;

b)终端软件应具备查看系统各单元运行状态并能够设置系统时间、系统参数等功能;

c)终端软件应能查看现场监测的实时、历史数据,并具有数据查询和导出的功能;

d)终端软件能够对数据管理、分析、生成报表。

5.2.2.10 应能记录监测数据的采集时间和地理信息。

5.2.2.11 应具有监测现场的图像采集、传输和存储功能。

5.2.3 结构要求

5.2.3.1 舱内结构要求

a)外表面应无明显划痕和碰伤等缺陷,并具有防护涂层;

b)外部零部件应无机械伤痕和锈蚀,结构部件应联接牢靠,无松动和变形。

5.2.3.2 舱外结构要求

a)系统结构设计紧凑,便于安装、拆卸;

b)系统结构设计安装牢靠,紧固件无松动;

c)电气部分应做防水处理,具体要求如下:

1)水下工作部分:外壳防护等级不低于 IP68;

2)水上工作部分:安装于室内的,防护等级应不低于 IP54,安装于室外的,防护等级应不低于 IP65。

5.2.4 电磁兼容性

除另有规定外,系统电磁兼容性要求应按照 GB/T 10250—2007 确定,并根据型号产品的具体情况,规定系统的频率范围、发射和接收敏感度要求及其极限值。

5.2.5 通信要求

5.2.5.1 传输方式:无线通信方式,支持近传和远传。

5.2.5.2 数据格式:有校验,确保数据收发稳定,数据解析正确。

5.2.5.3 传输距离:

a)当传输距离属于视距距离,在 1~2 公里范围内时,采用低功耗的、比较简单的通信方式,如基于 LoRa 的无线自组网通信系统;

b)当传输距离较远时,需要采用使用功率较大、信号覆盖较广的通信方式。如果无人船应用在有 4G 或 5G 信号覆盖的区域,可考虑使用运营商的网络,自己来配置应用数据协议;如果没有运营商信号覆盖的区域,可考虑使用宽带抗干扰自组织网络,实现内部船只节点间的通信。

5.2.5.4 传输速率:

a)当节点间传输的数据量较小,所需带宽不高时,在距离近的情况下可采用基于 LoRa 的无线自组网系统;在距离远的情况下,可采用使用 NB-IoT 网络(在网络覆盖的情况下);

b)当传输数据量较大时,比如图片或视频数据,在 4G/5G 覆盖良好情况下,可采用运营商网络;没有运营商信号覆盖或覆盖不好情况下,可采用宽带抗干扰自组织网络。

5.2.5.5 通信区域:

a)运营商网络覆盖较好情况下,可采用运营商网络,比如江河河道、较小的湖面等;

b)运营商网络覆盖不好情况下,比如较大湖面中心等,需要使用自有通信系统,如宽带自组织网络或 LoRa 等。

接收端接收的数据和采集、存储的数据完全一致。数据传输稳定,不出现经常性的通信连接中断、报文丢失、报文不完整等通信问题。

保证监测数据在公共数据网上传输的安全性,在需要时可以进行加密传输。

5.2.6 安装要求

安装应符合下列要求:

a)传感器安装方式应为浸没式测量安装或抽水式测量安装两种原位式测量安装方式;

b)浸没式测量安装时应在传感器外部装有保护装置,抽水式测量安装时应在进水口有过滤装置;

c)传感器安装位置应避开推进系统引起的水流冲击;

d)传感器的安装方向应与船行进方向相反。

6　检验方法

6.1　水质监测传感单元检验

检验方法应按照 SZY 205 中 6.7.2 执行,其结果应符合本文件的 5.2.2.6 要求。

6.2　外观检查

采用目视和手触的方法检验水质监测系统的外观,包括水下仪器、设备的外表面长效防污涂料的涂覆层等,其结果应符合 5.2.3 的要求。

6.3　供电系统检验

6.3.1　供电方式检查

使用数字电压表测量电源的输出端,其结果应符合 5.2.2.7 的要求。

6.3.2　供电电压的适用性检验

分别在以下供电方式下运行,检查系统能正常工作。

a)低电压供电,直流 5 V;

b)高电压供电,直流 48 V。

6.4　通信测试

根据选定的通信方式,模拟进行数据采集、传输测试,记录每次测试发送的数据、发送时间、发送的数据总量,接收到的数据、接收到的时间、接收到的数据总量,检测系统发送的数据和接收端接收到的数据的一致性和完整性,其结果应符合 4.3.7 的要求。

6.5　环境试验

试验环境应符合 GB/T 9359 中 5.1、5.2、5.3、5.4、5.5、5.7、5.8、5.11、5.13 有关规定。

6.6　可靠性试验

6.6.1　在实验室内开启数据采集处理器的控制电源,并设置参数,进行为期 7 天的连续无故障运行。试验结果满足 5.2 性能指标的要求。

6.6.2　在可靠性试验中,接收端应同步接收数据。检查接收到的数据,其有效接受率应不小于 99.8%。

7　产品标志、包装、运输和贮存

7.1　标志

水质监测系统上应带有铭牌,铭牌内容包括:产品名称、型号、执行标准、制造日期、出厂日期、产品编号、生产单位、厂址等信息。

7.2　包装

应采用内衬防震层的箱子包装,包装箱上应有防雨、防震的标志。

包装箱内应有下列随行文件:

a)产品合格证;

b)使用说明书;

c)装箱及配件清单。

7.3　运输

运输时,应对货物采取遮蔽及防尘、防雨措施。

装卸时应轻抬、轻放。

7.4　贮存

7.4.1　未经使用的水质监测系统的贮存

水质监测系统应存贮在温度-40~+55 ℃(含液体的传感器应符合生产厂家要求)的环境下,周围不应含有足以引起腐蚀的有害物质,避免水质监测系统长期在太阳下暴晒。

水质监测系统贮存期间应将所有仪器舱盖及接插头密封好,放在出厂时提供的包装箱内,放置于室内保存。

7.4.2　经过使用的水质监测系统的贮存

水质监测系统回收后暂时不再使用时,应首先用清水将传感器部分清洗干净、擦干,放在出厂时提供的包装箱内,放置于室内保存。

7.4.3　传感器等配件贮存

传感器等配件应装入出厂时提供的包装箱内,放置于室内。室内相对湿度应不大于85%,周围应不含有足以引起腐蚀的有害物质。

传感器需要定期校验。

搭载的传感器每 6 个月需要进行校验工作,以保证监测数据的准确性。

附件 3 水质监测无人船巡查作业技术导则

(T/CAQI 170—2021 T/CWEC 22—2021 2021-01-05 发布 2021-04-01 实施)

前 言

本文件按 GB/T 1.1—2020《标准化工作导则 第 1 部分:标准化文件的结构和起草规则》的规则起草。

请注意本文件的某些内容可能涉及专利,本文件的发布机构不承担识别这些专利的责任。

本文件由中国质量检验协会\中国水利企业协会提出并归口。

本文件起草单位:中国水利水电科学研究院、大连海事大学无人驾驶船舶技术与系统协同创新研究院、广州南方卫星导航仪器有限公司、江苏科技大学海洋装备研究院、深圳市百纳生态研究院有限公司、青岛中质脱盐质量检测有限公司、珠江水利委员会珠江水利科学研究院、自然资源部第一海洋研究所、生态环境部海河流域北海海域生态环境监督管理局生态环境监测与科学研究中心、中国环境科学研究院、南京大学、辽宁省丹东水文局、贵阳市水务管理局、山东省科学院海洋仪器仪表研究所、中国科学院西安光学精密机械研究所、河南水利投资集团有限公司、中国科学院长春光学精密机械与物理研究所、长光禹辰信息技术与装备(青岛)有限公司、南京金信时空智能科技有限公司、华北水利水电大学、北京自然山水环境科技有限公司、北京恒华伟业科技股份有限公司、江苏虹湾威鹏信息技术有限公司、威海天帆智能科技有限公司、中国科学院水生生物研究所、武汉楚航测控科技有限公司、宁波欣智信息科技有限公司、贵州省水利水电勘测设计研究院有限公司、宁波市奉化区水务有限公司、北京中质国研环境科技研究有限公司。

本文件起草人:彭文启、陈学凯、吴文强、董飞、刘晓波、曹峰、王国峰、金久才、许汉平、刘庆彬、李春斌、房涛、孙维、董延军、江显群、陈武奋、王建国、罗阳、苑萍、陈艳卿、纪君平、张鹏飞、卢道华、张玉昌、张徐祥、耿金菊、张弘、蒋帅、孔祥峰、曹煊、马然、于涛、张俊、王洪翠、王庆利、张豪、张楠、张军强、辛久元、金双根、刘建栋、陈守开、万铁庄、罗新伟、张延伟、黄海滨、段明、虞功亮、李志远、聂正斌、伍承驹、代彬、陈章淼、周华强、刘厚斌、胡志均、汪行波、林煜超。

本文件在执行过程中的意见或建议反馈至中国质量检验协会标准部、中国水利企业协会技术标准部。

本文件为首次发布。

水质监测无人船巡查作业技术导则

1 范 围

本文件规定了水质监测无人船巡查系统的组成、功能要求、作业要求、巡查前准备、巡查模式及内容、资料的整理及移交、异常情况处置等内容。

本文件适用于采用小型水质监测无人船对地表水进行的巡查作业。

2 规范性引用文件

下列文件中的内容通过文中的规范性引用而构成本文件必不可少的条款。其中,注日期的引用文件,仅该日期对应的版本适用于本文件;不注日期的引用文件,其最新版本(包括所有的修改单)适用于本文件。

GB 3838 地表水环境质量标准

GB 8978 污水综合排放标准

GB/T 9359 水文仪器基本环境试验条件及方法

SL 219 水环境监测规范

HJ 915—2017 地表水自动监测技术规范(试行)

3 术语和定义

下列术语和定义适用于本文件。

3.1 无人船 unmanned surface vehicle(USV)

是由远程遥控或自主航行的无人驾驶船的简称。无人船通常由船体、电力驱动装置、船载设备等组成。

3.2 水质监测无人船 water quality monitoring by USV

搭载水质监测设备用于对地表水水质进行在线监测的无人船。

3.3 水质监测无人船巡查系统 inspection system of water quality monitoring by USV

以无人船为监测平台,搭载不同水质监测设备,能够对目标水体进行连续水质监测、取样、污染追踪的巡查系统。

3.4 污染物溯源 traceability of pollutants

按照污染物浓度分布自动对污染源进行溯源追踪。

3.5 自动巡查 automatic inspection

无人船按照巡查系统预先设定的路径自动完成水质监测任务,无需手动操控的巡查模式。

4 巡查系统

4.1 系统组成

4.1.1 无人船子系统

无人船子系统由无人船船体、控制单元、通信单元和岸基监控单元组成。

4.1.2 水质监测子系统

水质监测子系统由水质监测单元、数据采集单元和传输单元组成。

4.1.3 采样子系统

采样子系统由采水单元和采样控制单元组成。

4.1.4 地面保障子系统

地面保障子系统包括供电设备、收放设备、备用电池、充电器、专用工具等。

4.1.5 图像监测子系统

图像监测子系统由网络高清摄像头及其他外设单位组成。

4.1.6 安全报警子系统

安全报警子系统由报警单元、控制单元、射频发射单元等组成。

4.2 功能要求

4.2.1 水质监测无人船巡查系统一般采用船长 5 m 及 5 m 以下船体平台,无人船具有防碰撞、防侧翻的安全设计,适用于河流、湖泊、水库等水体。水质监测无人船巡查系统对目标水体进行水质常规巡查、溯源巡查和应急巡查。

4.2.2 系统应具有遥控、自动控制模式,具备北斗/GPS/INS 功能,应具有自动巡查、自动避障、连续水质监测、水样采集和污染溯源追踪功能。

4.2.3 系统应具有低电量情况下返航功能,一般设置为当电量低于 15%时进行电量报警,并要求返航,该电量阈值可根据实际情况进行调整。

4.2.4 系统外部接口应具有扩展性,可扩展搭载水文、气象等传感单元。

4.2.5 系统应具备船体、电源、通信三级防雷设计。

5 作业要求

5.1 人员要求

5.1.1 作业人员应具有水质监测相关工作经验,掌握有关专业知识。

5.1.2 作业人员应通过使用部门的专业培训及考核,熟悉水质监测无人船巡查作业方法和技术手段,并通过有关技术部门的技能考核。

5.2 安全要求

5.2.1 作业人员应熟悉巡查路线,提前收集地形、气象、水文等资料。

5.2.2 作业现场应具备无人船航行条件,见 5.3。

5.2.3 作业所用水质监测无人船巡查系统应通过试验检测,试验条件及方法应按照 GB/T 9359 相关规定执行。

5.2.4 作业前,作业人员应制定应急预案。

5.2.5 作业时,作业现场要备有不少于 3 套水上救生用品(救生衣和救生圈),作业人员应穿戴救生衣并保持联络畅通。

5.2.6　作业时,作业人员应在保障自身安全的前提下,布放和回收水质监测无人船,同时避免在搬运过程中磕碰水质监测无人船及相关设备。

5.2.7　作业前,作业人员应对所有的救生衣进行检查,确认其安全有效。

5.2.8　禁止单人独自作业。

5.2.9　视距外航行时,作业人员须密切监视无人船的航行速度、电量、航行姿态等数据,一旦出现异常,应及时发送指令进行干预。

5.2.10　突发紧急情况需停止作业时,应立即采取措施,控制无人船返航、就近靠岸或其他安全措施。

5.2.11　舱内如出现漏水现象时,安全报警子系统应发出警报,并及时返航。

5.2.12　无人船靠岸时,距离岸边一定距离时应切换手动操控模式,确保安全靠岸。

5.2.13　无人船巡查作业流程应按附录 A 执行。

5.3　环境要求

5.3.1　作业前应查询作业区块的水文信息,包括水深、流速等。

5.3.2　作业前应查询作业区块的气象信息,包括温度、湿度、风向、风速等。

5.3.3　强电磁干扰环境、雷雨、闪电天气禁止作业。

5.4　维护保养要求

5.4.1　作业人员应如实记录无人船状态和作业情况。

5.4.2　应对水质监测无人船巡查系统进行例行检查和必要的维护。

5.4.3　水质监测无人船应妥善保管,确保电池性能良好。

5.4.4　定期对无人船进行维护保养,确保设备状态正常。

5.4.5　定期对水质监测设备进行检定或校准。

5.4.6　无人船如长期不使用,应定期启动,检查设备状态。如有异常,应及时维护。

6　巡查前准备

6.1　人员准备

6.1.1　应根据巡查任务和无人船的大小合理配置作业人员。

6.1.2　作业前应对全体作业人员进行安全、技术交底,交代工作内容、方法、流程及安全要求,并确认每一名作业人员都了解清楚。

6.1.3　作业人员严禁酒后及身体不适状态下作业。

6.2　作业准备

6.2.1　巡查作业前,作业人员应明确水质监测无人船巡查作业流程,进行现场勘察,确定作业内容和无人船投放、回收位置,了解巡查路线情况、巡查范围、水体宽度、水体流速、水体深度、水下地形、障碍物分布、是否有水草等,并根据巡查内容合理制定巡查计划。

6.2.2　作业前应制定详细的作业计划,必要时应向水行政主管部门进行申报、申请或登记。

6.2.3　作业人员应提前了解作业现场作业当天的气象、水文情况。

6.2.4　应在作业前准备好工具及备品备件等,完成水质监测无人船巡查系统的检查工作,确保各部件工作正常,见附录 B。

6.2.5　现场作业前,应核实巡查线路是否正确,并再次确认现场环境、气象条件等是否适合作业。

6.2.6　无人船投放前,作业人员应逐项开展设备检查、系统自检、航线核查,对直接影响航行安全的动力系统、电气系统、航行路线设置等应重点检查。

6.2.7　自动航行模式下,无人船应在视距范围内按照预先设置的巡查路线航行 2~5 min,以观察水质监测无人船巡查系统的工作状态。

7　巡查模式及内容

7.1　巡查模式

7.1.1　常规巡查

周期性对地表水水质、水面漂浮物等日常巡检内容进行监测巡查,巡查时间间隔根据巡查需求设定,一般为一个月。

7.1.2　溯源巡查

通过对地表水敏感地带、重点位置及疑似污染源区域进行精细巡查,实现对目标水体污染场的扫描。

7.1.3　应急巡查

在水污染、洪涝、滑坡等突发事件时,对受灾区域内的水体进行污染巡查和其他专项任务。

7.2　巡查内容

7.2.1　巡查内容

根据 SL 219,巡查内容见表 1。

表 1　水质监测无人船巡查系统巡查内容

巡查模式	巡查内容
日常巡查	水质参数、水样采集、水面漂浮物
溯源巡查	水质参数、水样采集、污染源追踪
应急巡查	水质参数、水样采集、水体污染场快速扫描或污染源溯源、污染源扩散范围、污染物浓度监测

注:巡查使用水质监测设备、水样采集器等,须定期进行检定、校准。

7.2.2　巡查监测参数

根据 GB 3838 地表水环境质量标准和 GB 8978 污水综合排放标准,监测参数选择应按照表 2 执行。

参数测定方法,宜与国家标准、水利、环保行业监测方法标准一致;如果仅用于环境监测预警,方法可自行确定,应能反映被监控污染物的变化趋势。

常见配置参数测定方法按照 HJ 915—2017 中表 A.2。

表 2　水质监测无人船巡查监测基础参数和选测参数

水体	基础参数	选测参数
河流	水温、pH、电导率、浊度、溶解氧、氧化还原电位、化学需氧量、氨氮	总磷、总氮、挥发酚、挥发性有机物、油类、重金属、总有机碳、生化需氧量、硝酸盐氮、亚硝酸盐氮、色度、透明度、总悬浮物、藻类密度、石油类、流量、流速、流向、水位等
湖、库	水温、pH、电导率、浊度、溶解氧、氧化还原电位、化学需氧量、氨氮、叶绿素 a、蓝藻密度	总磷、总氮、挥发酚、挥发性有机物、油类、重金属、总有机碳、生化需氧量、硝酸盐氮、亚硝酸盐氮、色度、透明度、总悬浮物、石油类、流量、流速、流向、水位等

8　资料的整理和移交

8.1　数据资料

水质监测巡查作业完成后,应保存以下数据资料:

a)水质监测无人船巡查记录单;

b)水质监测原始数据,原始数据应包括位置信息、时间信息、监测参数;

c)水质采样原始数据,原始数据应包括采样位置、采样深度、采样时间、采样容量;

d)设计/实际航线示意图。

8.2　记录更新

当监测环境条件发生明显变化或每隔 3 个月或监测任务开始前,巡查人员应将限航区域、河道利用密集区、无线电干扰区、不利气象水文区域等基础资料信息进行更新。

8.3　数据核对

巡查作业完成后,巡查数据应至少经 1 名人员对提交数据进行核对,核对内容包括水文水质监测指标、图形影像等。

8.4　巡查系统记录

巡查作业完成后,作业人员应填写水质监测无人船巡查系统使用记录单,交由工作负责人签字确认后方可移交至管理单位,见附录 C。

8.5　数据保存时限

巡查数据应妥善处理并永久保存。

9　异常情况处理

9.1　设备故障处理

9.1.1　巡查作业时,若无人船通信长时间中断,且在预计时间内仍未返航,应根据无人船失去联系前最后的地理坐标和船载追踪器发送的报告等信息及时寻找。

9.1.2　巡查作业时,设备出现故障无法恢复,且影响巡查任务作业时,应立即终止作业,操控无人船返航。

9.1.3　巡查作业时,若无人船出现失去动力等机械故障,应采取相关辅助方法(如人工驾船去捕捉)控制无人船就近在安全区域靠岸。

9.1.4　巡查作业时,若无人船发生失控或被冲走事故,应立即上报并立即安排下游采取拦截措施。

9.2　特殊工况处置

9.2.1　巡查作业时,若作业区域天气、水文环境突变,应及时控制无人船返航或就近靠岸,以确保无人船安全。

9.2.2　巡查作业时,若作业区域出现其他船只、人员、障碍物等,应及时评估巡查作业的安全性,在确保安全后方可继续执行巡查任务,否则应采取避让措施。

9.2.3　巡查作业时,若作业人员出现身体不适等情况,应及时控制无人船采取如定点、返航、靠岸等安全措施并使用替补作业人员;若无替补作业人员,则终止本次作业。

附录 A
(资料性)

水质监测无人船巡查作业流程

水质监测无人船巡查作业流程见图 A.1。

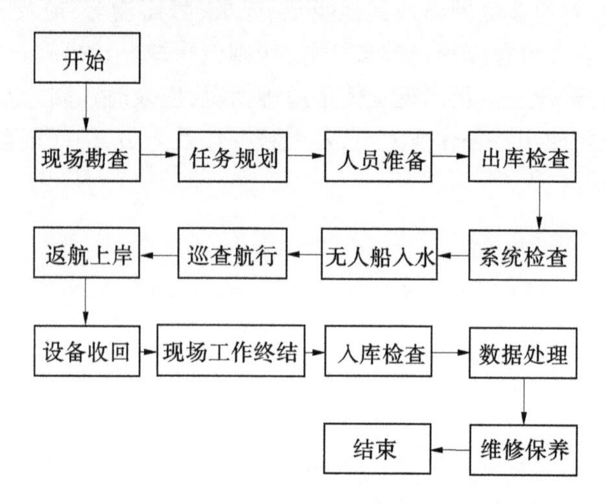

图 A.1 水质监测无人船巡查作业流程

附录 B
(资料性)

巡查作业所需工器具

巡查作业所需工器具见表 B. 1。

表 B. 1 巡查作业所需工器具

序号	名称	单位	数量
1	船载电池(备用)	块	1
2	电池充电器	套	1
3	流速流向仪	台	1
4	笔记本电脑	台	1
5	救生衣	套	按需配置
6	对讲系统	套	1
7	工具箱	套	1
8	充气船及配套工具	套	1

附录 C
(资料性)

无人船巡查系统使用记录单

无人船巡查系统使用记录单见表 C.1。

表 C.1 无人船巡查系统使用记录单

编号:					巡检时间: 年 月 日	
巡检路线[a]						
任务类型						
使用船型	天气		流速		气温	
工作负责人	艘次		每艘次作业时间			
作业人员						
系统状态[b]						
航线信息[c]						
任务信息[d]						
记录人:			工作负责人:(签名确认)			

注:a. 此栏填写线路巡视、缺陷核实、消缺复查、故障点查找等。

b. 此栏记录无人船设备检查中发现的异常情况,航行中航行平台、任务系统等异常状况及航后检查情况。

c. 此栏记录航行中航线的变更信息,包括入水点、出水点、航线周边环境等的变化。

d. 此栏记录何种任务设备,距离目标物在什么位置记录了什么信息等。

附件 4　内陆水体水质监测系统　浮标式

（T/CAQI 168—2020　　2021-12-31 发布　　2021-03-31 实施）

前　言

本文件按 GB/T 1. 1—2020《标准化工作导则　第 1 部分：标准的结构和编写》的规则起草。

请注意本文件的某些内容可能涉及专利，本文件的发布机构不承担识别这些专利的责任。

本文件由中国质量检验协会提出并归口。

本文件起草单位：中国水利水电科学研究院、中国船舶重工集团公司第七一五研究所、青岛中质脱盐质量检测有限公司、珠江水利委员会珠江水利科学研究院、黄河勘测规划设计研究院有限公司、哈尔滨工业大学（威海）船海光电装备研究所、中国科学院长春光学精密机械与物理研究所、中国海洋大学、生态环境部海河流域北海海域生态环境监督管理局生态环境监测与科学研究中心、山东省水利科学研究院、山东省科学院海洋仪器仪表研究所、南京大学、中国科学院西安光学精密机械研究所、宁波市奉化区水务有限公司、杭州瑞利海洋装备有限公司、山东新元易方科技有限公司、北京国信华源科技有限公司、奥谱天成（厦门）光电有限公司、深圳市中科云驰环境科技有限公司、秦皇岛红燕光电科技有限公司、华北水利水电大学、成都万江港利科技股份有限公司、厦门斯坦道科学仪器股份有限公司、无锡鑫智科技有限公司、河南水利投资集团有限公司、北京中质国研环境科技研究有限公司。

本文件起草人：彭文启、赵进勇、曹峰、董飞、陈学凯、何志强、苑萍、江显群、王建国、刁晓红、唐红亮、马金龙、秦孝辉、李海、张启文、房涛、李春斌、孙维、田兆硕、张军强、唐原广、罗阳、毕卫红、张宝祥、金丽、曹煊、马然、孔祥峰、张徐祥、耿金菊、张世禄、张俊、周绪申、于涛、刘厚斌、胡志均、汪行波、颜静佳、岳立峰、严建华、刘鸿飞、谭志吾、陈守开、王兵、贺新、卓静、周叙荣、王庆利、张豪、张楠。

本文件在执行过程中的意见或建议反馈至中国质量检验协会标准化办公室。

本文件为首次发布。

内陆水体水质监测系统 浮标式

1 范围

本文件适用于内陆水体的浮标式水质在线监测,为水质预警提供数据依据。

本文件规定了内陆水体浮标式水质监测系统的产品组成及要求、试验方法、系统建设、运行维护等方面的要求。

2 规范性引用文件

下列文件中的内容通过文中的规范性引用而构成本文件必不可少的条款。其中,注日期的引用文件,仅该日期对应的版本适用于本文件;不注日期的引用文件,其最新版本(包括所有的修改单)适用于本文件。

GB/T 9359 水文仪器基本环境试验条件及方法

GB/T 13384 机电产品包装通用技术条件

GB/T 19638.2 固定型阀控密封式铅酸蓄电池 第二部分:产品品种和规格

HJ/T 91 地表水和污水监测技术规范

HJ/T 915—2017 地表水自动监测技术规范(试行)

SL 219 水环境监测规范

SLZ 349 水资源实时监控系统建设技术导则

SZY 205 水资源监测设备质量检验

3 术语和定义

下列术语和定义适用于本文件。

3.1 **内陆水体水质监测系统** water quality monitoring system of inland water

用于内陆水体水质的实时在线监测、采集、传输、显示及分析的在线监测系统。

4 系统组成及要求

4.1 系统组成

4.1.1 浮标子系统由浮标体、系留模块、安全警示模块组成。

4.1.2 水质监测子系统由水质传感器单元、控制/采集/传输系统组成。

4.1.3 岸站接收子系统由无线信号接收终端、软件平台组成。

4.1.4 供电子系统由电池独立供电或与太阳能电池板、充放电控制模块组合供电。

4.2 系统技术要求

4.2.1 工作环境

内陆水体浮标式水质监测系统应能在如下的环境条件正常工作:

a)表层流速:≤3.5 m/s;

b)水下设备工作温度:0~+35 ℃;

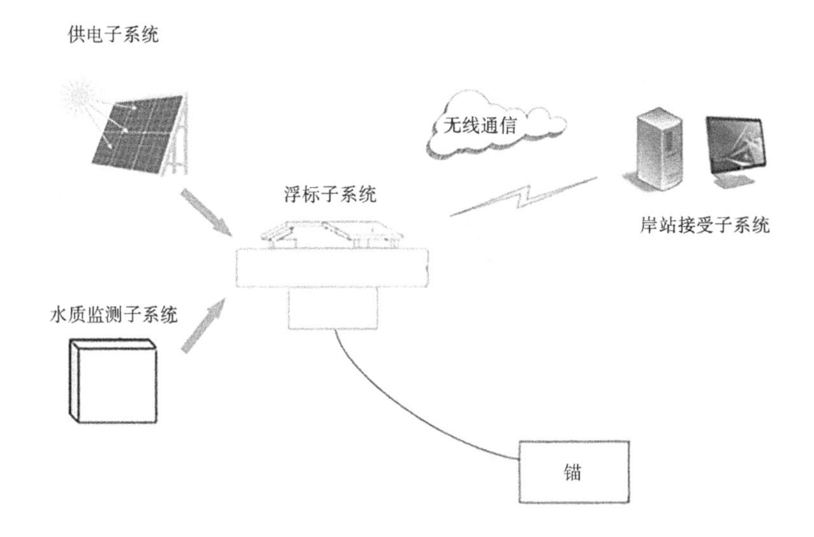

图1　内陆水体浮标式水质监测系统组成

c)水上设备工作温度：

1)一般地区：-10～+45 ℃；

2)高寒地区：-20～+45 ℃；

3)高热地区：-10～+55 ℃。

d)冲击：峰值加速度≤300 m/s^2；

e)倾斜：≤22.5°；

f)水深：≥0.5 m。

4.2.2　功能

系统设计应遵循SLZ 349中3.1.2所列举的基本原则，应包括以下基本功能：

a)水质监测：能够对目标水体的水质进行在线监测；

b)数据采集：具备连续数据采集的功能；

c)数据传输：可按照相关行业通信规范进行实时数据传输，并具有数据校验，断点续传，自动补报等功能；

d)数据存储：可实时接收和存储指定的监测数据及各种运行状态信息等；

e)软件平台：具有远程查看系统运行状态的功能，具有数据的分析处理功能；

f)监测报警：具有监测参数超标报警功能；

g)可扩展功能：系统应具备良好的扩展性和兼容性，根据实际应用需要，可增加剖面(垂线)测量方式及其他水质、水文、气象等监测设备的安装与接入；

h)远程调试：应具有远程对主机常用设置进行修改和保存的功能。

4.2.3　站点选择

4.2.3.1　建设位置应综合建设条件、水域代表性、维护检修、安全性等因素确定，应符合SL 219、HJ/T 91等行业标准要求。

4.2.3.2　对于高寒、高温、高污染、高含沙量等区域的特殊应用，系统需先进行实际水样比对测试,在比对测试结果符合要求后方可使用。

4.3　浮标子系统技术要求

4.3.1　系留模块要求

4.3.1.1　锚

a) 根据应用要求,锚可采用多种类型和材质,锚的类型如霍尔锚、丹福尔大抓力锚等,锚的材质如金属、水泥等。

b) 锚的重量应根据浮标锚位点的水体底质、布设水深以及浮标的受力情况合理选择。

4.3.1.2　锚链

a)锚链的长度应为水深的 1.5~3.5 倍,具体可根据当地水深、环境等实际情况来确定;

b)锚链的尺寸应根据浮标锚的重量、锚链长度以及浮标受力的情况合理选择。

4.3.2　外观

4.3.2.1　浮标体的外表面应无明显划痕和碰伤等缺陷;如有防护涂层,涂层应无明显起皮、漏涂、褶皱和气泡等。

4.3.2.2　外部零部件应无机械伤痕和锈蚀,结构部件应联接牢靠,无松动和变形。

4.3.2.3　浮标上使用的仪器、设备或安装这些仪器设备的机箱等,表面漆层、镀层应当均匀、光滑牢固。

4.3.3　安全警示模块

4.3.3.1　模块应具有定位功能、防雷功能、防碰撞的警告标志及报警功能(包括舱门开、舱进水等)。

4.3.3.2　在浮标的显著位置上应标注浮标的所属单位、编号、联系电话及警告标志等。

4.4　水质监测子系统技术要求

4.4.1　监测参数

监测参数见表 1。

表 1　水质监测参数

水体	基础参数	选测参数
河流	水温、pH、电导率、浊度、溶解氧、氧化还原电位、化学需氧量、氨氮	总磷、总氮、挥发酚、挥发性有机物、油类、重金属、粪大肠菌群、总有机碳、生化需氧量、硝酸盐氮、亚硝酸盐氮、色度、透明度、总悬浮物、叶绿素 a、蓝绿藻、臭氧、石油类、流量、流速、流向、水位等
湖、库	水温、pH、电导率、浊度、溶解氧、氧化还原电位、化学需氧量、氨氮、叶绿素 a、蓝绿藻	总磷、总氮、挥发酚、挥发性有机物、油类、重金属、粪大肠菌群、总有机碳、生化需氧量、硝酸盐氮、亚硝酸盐氮、色度、透明度、总悬浮物、臭氧、石油类、水位等

4.4.2　通信要求

控制/采集/传输系统与水质监测传感器单元之间采用标准的模拟/数字接口进行通信。

控制/采集/传输系统与岸站接收子系统间应采用无线通信方式,如下:

a)GPRS、CDMA;

b)4G、5G;

c)GSM-SMS、CDMA-SMS 短信;

d)卫星;

e)超短波;

f)微波。

数据传输格式符合行业相关标准。

4.4.3　性能要求

水质监测传感器单元性能指标应满足 HJ 915-2017 中表 A.2 要求。

水质监测传感器单元应定期进行检定/校准。

4.4.4　环境适应性要求

浮标上安装的设备应符合 GB/T 9359 有关规定。

4.5　岸站接收子系统技术要求

根据浮标所采用的通信模块,岸站接收子系统应采用相应的无线信号接收模块。采用互联网通信应具备固定的 IP 地址(若是局域网应支持端口映射),并开放所需的网络端口。

软件平台应具有远程查看系统运行状态的功能,具有数据的分析处理功能。

当多个浮标由同一岸站接收时,应根据不同的通信方式选择合适的数据区分方法,保证传输通道不阻塞,数据相互不干扰。最末数据的接收时间应不超过正点后 30 min。

4.6　供电子系统技术要求

考虑设备与工作人员的安全,系统供电电压宜采用 DC(5~24)V,供电方式应采用电池独立供电或与太阳能电池板、充放电控制模块组合供电。

电池独立供电时,电池容量应确保连续工作不小于 90 天。

太阳能供电时,电池容量应确保在阴雨天连续工作不小于 15 天。

5　试验方法

5.1　浮标体的密封试验

浸水试验:浸水前后无明显质量变化,视为合格。

充气试验:浮标体的表面肥皂液不发生气泡,视为合格。

5.2　系留模块检查

采用目视和称量的方法检查系留模块的锚及锚链,其结果应符合 4.3.1 的要求。

5.3　外观及标志检查

5.3.1　采用目视和手触的方法检验浮标体、系留模块和水质监测子系统的外观及标志,应符合 4. 3. 2 的要求。

5. 3. 2　水质监测子系统使用的仪器、设备在进行湿热、霉菌、盐雾试验后其外观试验符合 4. 3. 2 的要求。

5. 4　供电子系统检查

5. 4. 1　供电电压检查

使用数字电压表测量电源的输出端,其结果应符合 4. 6 的要求。

5. 4. 2　供电电压的适用性检验

水质监测子系统在厂家规定的供电电压下运行,系统应能正常工作。

5. 4. 3　容量性能试验

电池的容量性能试验依照 GB/T 19638. 2 中 7. 17 的方法进行试验,其结果应符合 4. 6 的要求。

5. 5　岸站接收子系统试验

根据水质监测子系统的通信方式,进行数据采集、传输测试,记录每次测试发送的数据、发送时间、发送的数据总量,接收到的数据、接收到的时间、接收到的数据总量,确定发送的数据和接收到的数据的一致性和完整性,其结果应符合 4. 5 的要求。

启动岸站接收子系统,应能够正常接收数据,并能够进行数据的显示、分析。

5. 6　水质监测子系统性能检验

检验方法应参照 SZY 205 中 6. 7 水质在线监测仪器执行,其结果应符合 4. 4. 3 的要求。

5. 7　环境试验

水质监测子系统所用仪器设备的环境试验条件及试验方法和结果应符合 GB/T 9359 有关规定。

5. 8　拷机试验

5. 8. 1　在实验室内开启水质监测子系统并设置参数,进行为期 15 天的连续无故障运行。

5. 8. 2　在拷机过程中,岸站接收子系统应同步接收数据。检查接收到的数据,其有效接收率应不小于 99%。

6　系统建设

6. 1　标志、包装、运输和贮存

6. 1. 1　标志

浮标应在指定位置上标明型号、名称、设备归属单位、警告标志。

各子系统应带有铭牌,铭牌内容包括:出厂编码、产品名称、型号、制造日期、生产单位。

6. 1. 2　包装

包装方式符合 GB 13384 的要求。

6. 1. 3　运输

运输时,应对货物采取遮蔽及防尘、防雨、防震措施。

装卸时应轻抬、轻放。

6.1.4　贮存

6.1.4.1　未经使用的水质监测子系统的贮存

系统应存贮在符合生产厂家要求的温度环境下，周围不应含有足以引起腐蚀的有害物质，避免水质监测系统长期太阳下曝晒。

系统贮存期间应将所有仪器舱盖及接插头密封好，放在出厂提供的包装箱内，放置于室内保存。

6.1.4.2　经过使用的水质监测子系统的贮存

系统回收后暂时不再使用时，应首先用清水将传感器部分清洗干净、擦干，放在出厂时提供的包装箱内，放置于室内保存。

6.1.4.3　传感器等配件贮存

符合其厂家说明书的规定条件。如无具体规定，则可以自行规定室内环境湿度的条款。

6.2　组装、调试

6.2.1　组装形式

可分为出厂组装和布设现场组装，具体采用哪种组装方式可根据浮标的尺寸形状和工作需求确定。

6.2.2　系统组装

系统组装应根据技术说明书等相关技术文件进行组装，除系留模块外需全配件组装。

6.2.3　系统调试

应依据本标准第4章中的要求对系统的外观及安全标志、供电子系统、水质监测子系统等进行调试，数据采集及传输试验应符合行业规定。

6.3　布设

6.3.1　一般要求

应充分了解布设现场的地理环境，包括水深、水体的底质、水体流速、浪高、潮汐变化、季节性水位变化、水体底部管线布设及周边的环境，依据所采用的浮标体形状，设计系留模块。

水质监测传感器单元，应布置于水下0.5~1.0 m，大型水库、湖泊可根据现场情况分层测试。

6.3.2　布设前准备

制定布设方案，确定现场布设负责人，事先了解天气情况，确定布设日期，确定布设船只。

6.3.3　布设

布设前，应在岸边上事先将系留模块连接好，根据事先确定的布设位置，采用定位设备将船开到布设点进行布设。

7　运行维护

7.1　基本要求

应建立相应的管理制度，包括但不限于下列内容：

a)运行管理办法;

b)运行管理人员岗位职责;

c)质量管理保障制度;

d)仪器操作指导书;

e)人员岗位培训及考核制度;

f)仪器设备建立运行维护台账,记录运行及维护情况;

g)系统建设、运行维护和质量控制的档案管理制度。

7.2　运行维护

7.2.1　例行维护

运行维护单位定期对监测系统进行巡检,并填写巡检记录。主要工作内容如下:

a)对水质监测仪器或传感器单元进行清洁维护;

b)检查水质监测仪器或传感器单元的运行状态和主要技术参数,判断运行是否正常;

c)检查系统通信是否正常;

d)根据仪器运行情况,判断是否需要更换耗材。并确保所有耗材有库存,可保证及时更换;

e)采用实验室仪器或速测比对仪器进行在线监测数据比对,监测数据超出允许误差范围则需进行设备校准,完成校准后还需进行实际水样比对,保证数据误差在允许范围内。实验室仪器或速测比对设备在使用前务必保证设备的精确度;

f)做好例行维护工作记录。

7.2.2　保养检修

为预防故障发生,需在规定时间对系统进行保养检修。保养检修计划根据仪器设备配置情况、设备使用手册以及厂家意见等综合制定。

保养检修应做到:

a)在线监测仪器设备每年至少进行一次保养检修;

b)根据厂家规定,更换监测设备关键零部件;

c)对浮标体、系留模块等进行检修;

d)对仪器电路连接进行测试;

e)仪器校准。如果更换了设备测量的关键零部件,应对仪器进行检定、校准或标定等方法进行性能确认,性能达标后方可投入运行;

f)对检修内容及过程进行记录。

7.2.3　故障检修

对于出现故障的仪器设备,应进行针对性检查和维修。故障检修应做到:

a)根据所使用的仪器结构特点和厂商提供的维修手册,制定常见故障判断和检修的方法及程序;

b)每次故障检修完成后,根据检修内容和更换的部件对设备进行性能核查。如更换设备以外的辅助配件(如泵管、风扇、接头等)只需进行功能性验证。如更换主要检测部件(如光源)或对检测部件的拆装后应做单点或两点校准。

7.3 软件平台日常管理

软件平台应安排经过培训的人员进行管理,需要了解设备运行情况及水质情况。软件平台日常管理工作主要包括:

a)通过网络平台对各终端设备进行远程检查,观察设备的运行状况是否正常、判断各设备的监测数据是否正常,分析各设备的报警信息,发现异常情况及时通知现场运维人员,并做好检查和异情记录;

b)确保平台软件正常运行;

c)每季度备份一次监测数据;

d)做好软件平台日常管理工作记录。

7.4 质量保证与质量控制

7.4.1 定期核查

定期对浮标体、系留模块、供电子系统、岸站接收子系统等进行全面检查。

定期对监测系统进行校准、检定,保证在线监测系统监测结果的可靠性和准确性。

定期对监测仪器或传感器单元的准确度、零点漂移、量程漂移等指标进行性能核查,指标满足 HJ 915—2017 相关要求。

用于系统核查的相关设备,均需按期进行检定/校准等以保证其工作性能。

7.4.2 核查要求

核查要求如下:

a)至少每季度进行一次仪器校准工作;

b)至少每半年进行一次准确度检查;

c)至少每半年进行一次零点漂移和量程漂移检查;

d)每两年进行一次水质监测系统全面检查;

e)更换设备或主要检测配件后,对所有仪器性能指标进行一次检查。

7.5 运行与维护记录

在内陆水体浮标式水质监测系统运行过程中,对仪器进行性能核查、巡检、备品备件更换、校准、维修以及软件数据平台日常管理等工作都需要进行记录,记录需完整、全面、准确,对出现的问题和处理描述需详实、连续、有结论或有处理结果。